面向新型电力系统的
新能源供给消纳技术

闫志彬

◇ 主 编 ◇

国网宁夏电力有限公司

国网宁夏电力有限公司电力科学研究院

国网宁夏电力有限公司经济技术研究院

宁夏电力交易中心有限公司

国网宁夏电力有限公司营销服务中心

◇ 组 编 ◇

中国电力出版社
CHINA ELECTRIC POWER PRESS

内 容 提 要

针对新型电力系统建设过程中新能源消纳面临的技术难题，结合源网荷储一体化协调规划、高比例新能源电网调度运行控制及电力市场建设等方面研究成果，国网宁夏电力有限公司组织多年从事省级电网规划、运行、科研、市场的专业技术人员编写本书。

本书分为四章，主要内容包括面向新型电力系统的源网荷储规划技术、调度运行控制技术、电力市场技术，重点介绍了网架形态与规划关键技术和储能优化配置技术、新能源接纳能力量化评估及综合控制技术、新能源消纳受阻因素智能辨识与辅助决策技术。本书将面向新型电力系统的新能源供给消纳技术最新研究成果和工程应用效果凝练总结，内容较为全面，可为从事新型电力系统和新能源供给消纳体系建设的工程技术人员和教学人员提供有用的参考和有益的帮助。

本书可供从事电网规划、运行、科研、市场的技术人员及管理人员使用，也可作为电气工程专业技术人员和电力专业师生的参考用书。

图书在版编目（CIP）数据

面向新型电力系统的新能源供给消纳技术 / 闫志彬主编；国网宁夏电力有限公司等组编. -- 北京：中国电力出版社，2025．7．--ISBN 978-7-5198-8659-2

Ⅰ．TM7；TK01

中国国家版本馆 CIP 数据核字第 20255JT933 号

出版发行：中国电力出版社
地　　址：北京市东城区北京站西街 19 号（邮政编码 100005）
网　　址：http://www.cepp.sgcc.com.cn
责任编辑：陈　丽
责任校对：黄　蓓　郝军燕
装帧设计：赵丽媛
责任印制：石　雷

印　　刷：三河市航远印刷有限公司
版　　次：2025 年 7 月第一版
印　　次：2025 年 7 月北京第一次印刷
开　　本：710 毫米 ×1000 毫米　16 开本
印　　张：12.25
字　　数：194 千字
定　　价：78.00 元

编 委 会

前　言

构建新型电力系统和新能源供给消纳体系，推动"双碳"战略目标落地，事关国家能源安全战略。"双碳"目标下，我国新能源发电加速发展。截至2024年底，我国新能源发电装机规模达到14.5亿kW，超过火电装机规模，提前6年完成了2020年气候雄心峰会提出的新能源发电装机目标。按照相关预测，预计2030年我国风电、太阳能发电总装机有望突破28亿kW，占比超过55%。

宁夏是我国重要的大型能源基地和"西电东送"战略送端，是国家首个新能源综合示范区，具有"地域小、风光足、电网强、送出稳"的特点。已建成投运宁夏—山东±660kV银东直流、宁夏—浙江±800kV灵绍特高压直流，正在建设宁夏—湖南±800kV中衡特高压直流工程。截至2024年底，宁夏电网新能源装机超过4100万kW、占比超过55%。按照规划，预计2030年宁夏新能源装机将超过1亿kW。风电和太阳能发电具强随机性和波动性以及低抗扰性和弱支撑性，如此大规模的并网，将使电网安全稳定运行和新能源消纳矛盾日益突出，新能源安全高效消纳面临严重挑战。

为了应对新型电力系统建设背景下宁夏电网新能源消纳带来的新挑战，国网宁夏电力有限公司针对宁夏电网新型电力系统构建过程中面临的关键技术难题，立项开展新能供给消纳技术相关重大专项研究与工程实践，取得了一系列创新成果，包括提出适应了高比例新能源电网网架形态规划和储能优化配置方法，研发了考虑源荷不确定性的大电网运行风险在线评估、新能源消纳能力受阻智能辨识及辅助决策等系统软件并完成工程示范应用；设计了考虑"风光储输一体化"的宁夏电力外送市场机制和考虑"源网荷储一体化"的需求侧响应市场机制，提升了宁夏新能源利用率和资源的优化配置，促进了宁夏新型电力系统和新能源供给消纳体系建设，为解决大规模新能源并网造成的新能源利用率和电力供应可靠性低等问题做出了有益的探索。

本书编写组结合多年的研究和工程实践，在凝练总结面向新型电力系统的新能源供给消纳技术最新研究和工程应用成果的基础上，编著了此书。本书以宁夏电网为案例，主要内容包括面向新型电力系统的源网荷规划技术、调度运行控制技术、电力市场机制建设等。全书分为4章，第1章介绍面向新型电力系统的新能源消纳技术研究背景、意义及国内外研究现状；第2章介绍面向新型电力系统的源网荷储规划技术，包括风光火储电源优化配置技术、网架形态与规划关键技术和储能优化配置技术；第3章介绍面向新型电力系统的调度运行控制技术，包含新能源强不确定性对系统暂态稳定的影响、新能源接纳能力量化评估及综合控制技术、新能源消纳受阻因素辨识与辅助决策技术、考虑源荷不确定性的电网运行风险评估与智能防御技术；第4章介绍面向新型电力系统的电力市场技术，包括多直流送出电力市场交易机制、需求侧资源市场机制。

面向新型电力系统新能源消纳技术以电网安全运行为根本，以电力可靠供应为前提，以新能源高效利用为目标，通过源网荷储一体化协调规划、调度与运行控制以及电力市场建设，提升新能源消纳空间，保障电力安全可靠供应，将为我国清洁能源持续发展提供重要技术支撑。除了介绍新的技术外，本书还将一些基础理论、建模方法等原创性技术内容进行了详细论述。相关内容可以为从事新型电力系统和新能源供给消纳体系建设的工程技术人员以及教学和研究人员提供有益的参考。

在本书编写过程中，得到了中国电力科学研究院有限公司、国网电力科学研究院有限公司及有关高校等单位的大力支持。新型电力系统背景下的新能源消纳技术是一个复杂而庞大的技术领域，还有许多问题有待进一步研究。本书作为阶段性研究成果的总结，还有待从理论和技术方面继续深入研究和完善。限于作者水平，本书难免有疏漏或错误之处，诚望各界专家和广大读者提出批评意见和建议。

作　者
2025 年 6 月

目 录

1

概　　述

1.1　研究背景及意义

在"碳达峰碳中和"目标下，电网发展格局和功能形态将产生深刻变革，电力系统源、网、荷、储各环节将深度融合，构建新型电力系统成为保障国家能源安全的战略要求，持续扩大清洁能源供给，加强传统能源与新能源优化组合，加快推进新能源供给消纳体系建设成为必然要求。

双碳目标的实现需要能源转型，迫切需要建设新型电力系统和构建省级新能源高质量供给消纳体系，充分发挥电网在能源生产清洁化、能源消费电气化中的关键枢纽、重要平台、绿能载体作用，新能源逐步成为电网的第一大电源，电力系统在电源结构、电网形态、负荷特性、运行形态等方面呈现新的、复杂特征，电网的高比例新能源接入、高占比电力电子化特性凸显，亟须围绕新型电力系统电力规划、运行和市场三个方面开展技术研究，助力新能源供给消纳，建设新型电力系统和构建新能源高质量供给消纳体系。

1.2　国内外技术现状

1.2.1　源、网、荷、储各环节规划技术

1.2.1.1　电源优化布局方面

在电力系统时序生产模拟方面，现有研究中通常根据风电、光伏的时间序列，采用滚动机组组合计算去进行中长期的电力系统时序生产模拟。在新能源与储能电站规划方面，目前新能源电站储能容量规划一般基于优化方法并考虑新能源的不确定性，国内外学者分别以供电可靠性、系统能量损失率

及能量缺失率、成本等运行指标为约束并采用改进混沌优化算法、粒子群算法、改进的细菌觅食算法等优化方法来求解储能容量优化配置模型。在电力系统生产模拟分析工具方面，中国电力工程顾问集团公司等公司联合开发了电力系统运行模拟优化软件 LPSP_ProS 2010，中国电力科学研究院有限公司自主研发了新能源生产模拟系统（REPS），可用于电网新能源消纳能力的分析计算，新能源生产模拟系统目前处于国际领先水平。在含储能系统的新能源消纳系统优化建模方面，国内外学者通过使用不同类型的蓄电系统、提出基于频率的控制策略、考虑风电的不确定性，利用不同统计方法确定储能容量。在电网侧储能规划方面，相关学者对储能系统在电网侧的选址和配置问题进行了探索。

国内外学者围绕电力系统生产模拟方法和计算工具、新能源与储能协调规划等方面开展了较为丰富的研究工作。针对电源规划布局及优化问题，目前已有研究所采用的生产模拟方法主要面向单一的优化目标，且求解速度较慢，无法满足风光火储电源一体化联合规划快速计算的需要。

1.2.1.2 网架形态与规划

电网规划与运行方式概率建模技术方面，常用调度运行部门根据运行经验选择某些运行点作为典型、极端运行方式和机器学习中聚类算法进行运行方式的提取。但是当前仅有少量研究针对极端运行方式的提取，原因是基于聚类的方法往往只能给出出现次数多的运行方式，而极端运行方式出现次数较少；另外，专家选择的方法可以给出极端运行方式，却不能量化该运行方式的概率。

输电网规划与形态演化研究方面，电网演化模型适用于研究大规模新能源接入后的未来电网，但在规划设计阶段基本不考虑新能源的随机波动性，难以在系统净负荷变化剧烈时段下考虑系统的灵活性需求；同时对于较大的规划区域，难以分析新能源的时空联合分布特性。在未来大规模新能源接入电网的趋势下，需要通过更加详细全面的数据分析模型，在较大的时间尺度和空间尺度下对新能源出力进行更为详细的建模，以指导系统的规划设计。

输电网典型结构形态分析方面，国内外学者运用图论等知识从中抽象分类出典型网架结构单元，并将其大致分为单电源、双电源、多电源等供电形式，具体形式则包括辐射式、单链式、双链式、单环式、双环式等，抽象得到的典型网架结构单元在所有组成整体网架的结构单元中所占比例很高，抽象结果较具有代表性，但关于规划层面计及网络灵活控制的研究较少，源、荷的确定性/不确定性、网架可控性/不可控性、系统控制的主动性/被动性等复杂因素还缺乏统一建模和处理方法，用于研究高比例新能源输电网形态的分析与规划工具还不够完善，需要建立相关的评价方案与优化模型，重点关注如何配合风、光资源的时空相关性规划电力能源整体结构，如何通过合理的电网结构实现高比例新能源的充分消纳。

1.2.1.3　储能配置研究现状

国内外学者对储能容量配置进行了大量研究，基本可以归结为在电网侧削峰填谷、在新能源侧平抑短时功率波动或进行日级调峰以及在用户侧利用峰谷电价节省电费、参与用户侧响应、提高新能源并网点电压、频率稳定性等局部问题方面，而从全网调峰角度考虑利用储能系统提高电网接纳新能源能力的网侧规模化储能容量配置的规划的方法研究较少。面对大型实际电力系统中的储能规划问题，以确定所研究目标下的最优储能优化规划方案，大多采用数学建模的解析方法。求解的方法中人工智能方法应用的不多，大多采用数学优化的方法。虽然数学优化的方法在理论上可保证解的最优性，但一般对目标函数和约束条件的表达式有着比较严格的要求，在实际电网中的应用受到限制，存在模型求解效率较低，模型中的越限功率约束和储能充放电策略约束为分段函数，在使用优化软件求解时耗时过长等问题。

1.2.2　高比例新能源电力系统运行控制技术

1.2.2.1　交直流混联电网多场站新能源接纳规模量化评估研究现状

对于宁夏、新疆等省级交直流混联外送型电网而言，特高压直流远距离汇集新能源并送出是解决外送问题的重要举措，但由于新能源发电、直流等电力电子设备的故障穿越特性与交流电网的电压支撑能力密切耦合，导致大规模新能源接纳及直流输电能力受限，主要体现在两个方面：① 交直流混联电网新能源接纳能力量化评估难，由于千万千瓦级新能源基地中机组数量庞大且类型多样，不同机组故障下动态行为各异，现有的仿真分析手段及评价体系难以对多场站新能源接纳规模进行量化评估；②实现以新能源最大接纳为目标的电网综合控制难，在高比例新能源系统中，由于各可控设备的响应受不同时间尺度控制器驱动，表现出不同的动态特性，新能源发电设备级暂态特性不明确，与各类可控设备耦合后系统级暂态特性复杂，目前难以实现电网综合控制策略优化。因此，亟须针对千万千瓦级新能源交直流混联外送型电网多场站新能源接纳规模量化评估及控制提升技术方面开展深入的研究。

1.2.2.2　新能源消纳受阻因素智能辨识技术研究现状

在新能源外送通道关键断面辨识方面，传统运行管理模式中，关键断面一般是由电网运行方式专家在长期电网运行经验积累的基础上根据对电网的离线分析人工选择而得到。所编制的断面包括年度长期断面、日常检修断面和事故应急断面等，但传统的人工发现电网断面方法已无法适应电网运行方式的快速变化。现有研究已开始关注电力系统断面的自动发现并已取得系列成果，但关键断面的自动发现方法仍有许多不足之处，需进一步深入研究。

新能源受阻因素智能辨识方面，利用机器学习方法对新能源消纳受阻因素进行智能筛选，一方面可以弥补由于人工选择不准确而产生的信息缺漏，另一方面可以快速高效地剔除无关特征，确保选择出来的特征间的低冗余性。

在提升新能源消纳能力运行优化方面，当前已有大量研究关注到新能源消纳时可能导致的电网运行出现安全风险，并采取了诸如鲁棒优化、随机优化等技术，在充分考虑新能源消纳的概率场景基础上，保守评估运行安全性，给出满足新能源不确定性条件的安全运行决策；或者直接考虑保守的新能源预测，给出相对安全的运行方式。但均未考虑多种稳定交织下的电网安全性，也并未探究阻碍新能源消纳的根本原因。因此，有必要找到电网安全运行的全局量化指标，并探索新能源消纳与其关系，在此基础上进一步给出提升新能源消纳的决策。

在计及断面限额限制的安全控制方面，极限传输容量可有效量化电网全局安全状态，但新能源的大规模接入增加了极限传输容量的不确定性与计算难度，因此有必要针对极限传输容量计算建立一套精细辅助规则，使运行方式人员通过一系列的运行规则，以人工智能方法进行辅助校核与矫正，使电网运行在消纳大规模新能源时能够保证安全运行。

1.2.2.3　考虑新能源不确定性电网动态安全态势感知技术研究现状

目前，以"建模仿真＋预想场景"为核心的在线安全防控模式，经过几十年的发展和大面积推广应用，对电网安全经济运行发挥了积极辅助作用。但是随着风电、光伏大规模并网，其出力及其控制的不确定性已严重影响大电网的安全稳定，给电力系统带来诸多问题，例如电力电量平衡概率化、电网潮流双向化、电力系统运行方式多样化、稳定机理复杂化等。在此背景下，国内外学者提出电力系统态势感知的概念，借用态势感知理论提高电力系统的"可见性"，更好地评估电力系统当前运行状态和未来的发展趋势，以便运行人员提供相应的决策支持。

国内外学者已对复杂电网的态势感知与评估预警技术做了一定的研究和探索，但仍存在一定的瓶颈，特别是新能源出力及其控制不确定性以及电网复杂运行状态的多不确定性态势感知与评估预警技术尚没有合适的解决方案，若系统逐步恶化到临界状态，此时很小的故障就可能引发连锁反应并导致大规模停电。面对电力系统庞大的运行数据，想从中把握系统态势发展过程仅靠人工监视和经验分析是远远不够的。因此，亟须结合现有手段，利用大数据与人工智能，研究基于数据—机理融合驱动的多不确定性复杂电网态势感知与评估预警技术，为高比例新能源电力系统稳定运行提供理论与技术支撑。

1.2.2.4　大电网安全风险在线评估与智能防御技术研究现状

在线安全评估技术是基于电网实际运行方式，对其安全状态进行综合评价，及时帮助调度人员掌握电网运行情况并给出辅助措施及建议。随着特高压互联电网发展，传统分析已经不能满足实时电网运行控制的需要，实时在线安全分析（dynamic security assessment，DSA）技术成为了电网调控部门日益关注的重点，2012 年以来，我国电力系统在线安全分析技术得到了快速发展，国调、分部、省调层面统一的 D5000 技术平台已应用于电力调度控制中心，实现了基于全景信息的电网一体化运行和统一协调控制。与此同时，随着市场化的推进、大规模间歇可再生新能源的接入使电力系统运行更多的处于不确定状态下，电网调度运行压力加大，控制难度不断加大，在线安全评估及智能防御技术逐步攻克了数据整合、大规模并行计算、计算应用在线化等关键技术，但是还存在着以下问题：① 目前的在线安全评估在进行未来态潮流计算时是假设预测数据精确的前提下安排单一运行方式，忽略了源荷不确定性因素带来的误差，给出的态势评估结果不成体系；② 随着跨区电网规模的增大，跨区送受端电网安全稳定特性耦合密切，现有在线安全分析评估在进行电网安全稳定分析时尚未考虑送受端源、荷不确定性高风险运行风险场景在线识别技术。

1.2.2.5　高比例新能源多直流外送电网稳定特性研究现状

西北地区（如宁夏）风光资源丰富，新能源发电量大，在"西电东送"背景下，西北电网新能源大送端电网特征越来越明显。但是大量新能源并网改变了传统网架结构，新电源的接入使系统短路电流变大，短路电流超标问题越发严重。同时，新能源外送主要通过特高压直流送出，但直流系统发生多种类型故障（直流闭锁、换相失败等）时，将会导致直流系统出现较长时间或瞬时性的直流功率受阻，送端换流站过剩的无功会抬高送端交流母线电压，出现暂态过电压问题，严重制约新能源消纳与直流外送能力。同时新能源并网会引入大量电力电子装置，这些电力电子装置的惯性低、抗扰动能力差，改变了传统电网以同步发电机为主的基本形态，并且新能源机组普遍不具有电压调节能力，这使得电压稳定问题越来越突出，亟须对高比例新能源多直流外送系统稳定特性进行深入研究，掌握影响机理，提出相关控制措施，确保电网安全稳定运行。

随着新能源装机的增加，有关新能源对系统短路电流的影响引起了广泛研究，大部分研究是以简单系统和某实际电网为研究对象，仿真分析了风电、光伏接入对接入点短路电流的影响，未采用理论推导方法分析新能源对短路电流影响因素，且未考虑直流分量的影响。在新能源汇集特高压直流暂态过电压、暂态功角等方面，国内外研究学者做了大量研究，取得了一批重要的理论成果。

1.2.3　电力市场建设运营技术

1.2.3.1　省间市场建设运营

（1）国外建设情况。欧盟跨国电力市场可以类比省间市场，其通过跨国输电网的运营及市场联合出清将多个国家的电力市场联结在一起。截至 2019

年，欧盟电力系统已覆盖 36 个国家及 43 个输电网运营商，基本建成了从年度到实时的跨国市场运行，包括跨国中长期市场、日前耦合市场、日内耦合市场以及跨国平衡市场。

市场交易品种的设计及耦合运行是欧洲跨国电力市场实现资源有效配置的核心机制，其重点在于通过"隐式拍卖"实现了日前各国电力市场的集中竞价交易，并在日内通过连续交易的形式实现对各国市场供需的进一步平衡调整。

欧洲日前耦合市场于运行日前一日 9:30 开始，汇总各国所有市场主体申报信息及跨国通道可用传输容量，以社会福利最大为优化目标进行集中竞价出清，并于当日 14:00 时发布各国市场主体的中标发用电曲线、跨国通道容量分配情况等。日前耦合市场分为申报阶段、出清阶段和发布阶段。

市场申报阶段：各国所有市场主体先将申报信息提交至本国交易中心，包括市场主体各自的发电信息、用电信息、中长期合约信息及 TSO 申报的输电通道可用传输容量信息等，再由本国交易中心提交至轮值交易中心。

市场出清阶段：12:42 市场会发布一次出清结果，若市场出清价格超过各国市场价格阈值，此时市场就地开放 10min，在市场超过价格阈值时段允许市场主体调整申报信息；市场于 12:55 发布二次出清结果至各国交易中心及 TSO 予以确认。

市场发布阶段：各国交易中心于 14:00 发布日前耦合市场交易结果，包括各国市场主体发用电曲线、交易价格、跨国输电容量等信息。

日内市场中，各国可依据自身市场需求，适时参与日内连续交易市场，日内连续交易市场针对各国交易体系的特点共设置了 60min 连续交易、30min 连续交易及 15min 连续交易三个交易产品，所有产品于运行日前一日 15:00 时开始，连续交易直至运行日各国市场交割前。

（2）国内建设情况。2021 年 11 月，国家电网有限公司正式发布《省间电力现货交易规则（试行）》，标志着我国向构建"统一市场、两级运作"的电力市场体系又迈出了坚实的一步，是中国电力现货市场建设的重要里程碑。目前，省间、省内中长期电力交易机制已全部建立并常态化运行。省级现货市场取得积极进展，国家电网经营区六家省级现货试点单位均已实现了长周期结算试运行。《省间电力现货交易规则（试行）》的落地促进了省间现货与省间中长期交易形成完整的交易体系，促使电力富余地区更好地向缺电地区输送电力，充分发挥市场配置资源、调剂余缺的作用。

省间电力现货交易可以体现电能的时空价值，能够在全国范围内实现能源资源的及时调配，同时其大范围、短周期的交易机制设计与新能源发电特性相适应，将有助于通过市场机制促进资源大范围优化配置、提升电力供应保障能力、促进清洁能源消纳。同时，省间电力现货交易可以提升全网保供能力，以市场化手段引导电能从平衡富余地区流向平衡紧张地区，激励发电企业在满足省内发电计划基础上主动顶峰发电，提升全网电力供应能力。

1.2.3.2 省级电力市场建设

（1）国外电力市场建设情况。

1）美国 7 大区域电力批发市场均采用了典型的集中式市场模式，市场成员可签订从日前到中长期各种周期的双边交易合同，日前和实时现货市场允许发电侧和用户侧双向报价，最小出清周期为 5 min。为适应可再生能源的发展，除已经实行多年的"配额制＋绿证"的交易机制外，美国电力市场通过完善电力批发市场价格形成机制充分释放分布式能源价值，通过激励分布式储能、需求侧资源增加系统灵活性及可靠性。

2）德国自由化的电力市场由批发市场（wholesale market）、系统服务市场（又称电力容量备用市场，electricity capacity reserve market）组成。德国批发电力市场采用中长期交易（衍生品市场）、日前交易、日内交易以及实时平衡的多级交易产品相结合的市场机制，促进可再生能源消纳。中长期交易为可再生能源发电预留交易空间，日前市场中可再生能源可充分发挥边际成本低的优势，日内市场和系统服务市场实时平衡协调配合，共同处理可再生能源出力间歇性引起的系统不平衡电量。为有效解决高比例可再生能源对电力市场带来的冲击，德国中长期交易新增风险对冲产品，细化时间尺度并引入15 分钟交易产品。

3）澳大利亚电力市场（National Electricity Market，NEM）属于实时的、采用全电力库模式的纯电量市场（没有日前市场），在传统的第一价格拍卖清算机制下形成了 5 分钟多区域现货市场。除电力现货市场之外，NEM 上还有

8 个共同优化的频率控制辅助服务市场。作为一个纯电量市场，NEM 没有集中组织的容量机制。未来发电容量投资以 NEM 的远期市场及澳大利亚能源市场运营商（Australian Energy Market Operator，AEMO）的预测为指导。衍生品合约在交易所和场外进行交易，成交量是实物交易量的 3～5 倍，但不同季节、不同地区之间存在相当大的差异。

4）北欧电力市场经过多年的完善，目前已形成现货市场为基础，辅助服务市场和金融市场为补充的市场机制。各市场之间互相协调运行、有机结合，共同构建一个体系完备、功能完善的市场交易体系。现货市场为各类市场参与者提供电力交易的场所，形成实时反应系统供需状况的价格，为金融市场提供一个合理的价格信号；辅助服务市场为修正现货市场出清结果与实际运行之间的偏差提供一个保障，确保电力系统安全稳定运行；金融市场为各市场成员规避现货市场价格波动风险提供了多样化的合约，合约的结算最终也以现货市场的价格作为依据。

（2）国内典型电力市场建设情况。2017 年我国选取以广东、蒙西、浙江、山西、山东、福建、四川、甘肃为代表的 8 个地区作为现货市场建设一批试点，截至目前 8 个试点均经历了长周期结算试运行，市场机制经历了多轮迭代和发展。

1）甘肃作为高比例新能源送端省份，建立了全国首家新能源报量报价参与的电力现货市场，从 2021 年 5 月起引入用户报量报价参与现货市场出清及结算。用户参与现货市场后市场化意识明显提高，电力紧缺时段少用电，出售发电权，电力富余时段增加用能促进新能源消纳。用户由"按需用电"转变为"按价用电"，改善电网负荷特性，增加新能源消纳能力，初步实现传统的源随荷动向源、网、荷、储协同互动方式的转变。

2）山西坚持"全电量优化、新能源优先"的"双优型"设计原则，已经逐步融合成为一个完整的"中长期＋现货＋辅助服务""省内＋外送"有效衔接的电力市场交易体系。自 2021 年 7 月中长期批发和零售交易首创开展分时段交易，将电能按时间分为 24 小时分别开展交易，解决了传统一口价中长期交易不能体现分时电能价值的核心问题，实现了中长期与现货在交易价格、曲线、周期和交易方式等方面的一体融合。山西电力市场能够引导发用双方充分互动，激励各类电源顶峰发电，引导用户减小高峰时段用电负荷，大幅提升了新能源消纳能力，2021 年在新能源发电量增长 68% 以上的情况下，仍保持全年利用率在 97.7% 左右，超额完成国家下达的新能源消纳权重任务。与此同时有效支撑外送，在全国电力供需紧张的阶段，山西不仅保障了省内电力可靠供应，并且圆满完成临时增供支援河南、西北、东北以及山东等任务，有效缓解了受电省区的电力紧缺状况。

3）蒙西电力市场构建了"中长期＋现货＋调频辅助服务市场"的电力市场运行体系，建立了"省内现货＋省间现货"的协调运行工作机制。发电侧实现了包括地调公用燃煤机组在内的全部公用燃煤企业、集中式新能源无差别参与现货交易；用户侧全面、完整落实国家要求，推动电网代理购电在内的全部用户参与现货市场结算，并在国内实现了用户侧分区结算；在现货市场内实现了调峰功能。自结算试运行开始后，蒙西电力市场完成了包含风、光、水、火在内的共计 768 个发电单元的联合调度、一体优化和闭环管理。现货市场灵活的价格信号和机制设计，引导燃煤机组主动提高机组调节能力，实现了顶峰保供和新能源消纳的双重目标。

1.2.3.3 需求响应政策施行现状

基于负荷的需求侧管理项目在我国电力系统中的应用以政策性引导的有序用电为主，主要的有序用电措施包括错峰用电、避峰用电、限电、紧急拉闸等。需求响应项目方面，由于基于激励的需求响应项目对智能用电设备和电力市场开放程度的要求都较低，适于在我国电力市场中应用。但由于有序用电的常态化应用，可中断负荷等常用基于激励的需求响应只在江苏、河北、上海等少数省市有所实践。对于基于价格的需求响应，我国主要应用的需求响应电价措施包括分时电价、阶梯电价和尖峰电价。2021 年前后，北京、天津等省市陆续出台了需求响应补贴或可中断负荷价格政策。基于价格的需求响应的逐步推行，说明容量小数量多、分布广泛的中、小型电力用户已经得到了电力系统的重视。目前，我国对需求侧资源的利用主要集中在各类负荷项目。但随着包括分布式电源、储能设备及电动汽车等需求侧资源发展规模的提高，其应用也受到更广泛的重视。

1.2.3.4 储能参与的需求侧响应

储能技术在电力系统各环节都可以发挥作用。

（1）在发电端与传统发电技术配合，提升清洁能源的并网率。在发电端，大容量储能系统可以作为发电厂的辅助服务设施，对太阳能、风电等不稳定电源起到稳压、稳流作用。

（2）在输配环节，储能技术可以作为配电网中变电站的技术升级，可延缓电网的更新换代，降低成本。

（3）在消费环节，在"电能表前"和"电能表后"，都有储能技术的应用。

目前，常用的储能技术主要有物理储能（如抽水蓄能、压缩空气储能、飞轮储能、超导储能等）、电化学储能（如锂离子电池、铅电池、超级电容器等）、化学储能（储氢、储碳等）和相变储能（如熔融盐储热、冰蓄冷等）四类。每种储能技术都有自身的优势和不足，技术发展水平、适用场合和应用前景也各不相同。其中，抽水蓄能技术相对成熟，目前处于主导地位，电池储能和相变储能应用灵活市场前景广阔，超级电容器储能比较适用于电动汽车储能和混合储能。就现存技术而言，很难说哪种储能技术最好，很多时候还可将多种储能技术联合使用，形成互补，使其功效得以更好地发挥，各国学者纷纷对储能技术及其应用开展相关研究。

1.2.3.5 虚拟电厂参与的需求侧响应

我国分布式可再生能源占比还不高，但发展迅速，据国家能源局统计，截至2024年9月底，全国户用分布式光伏累计装机容量突破1亿kW，达到1.05亿kW；根据中国汽车工业协会2024年11月14日公布的数据，中国新能源汽车年产销量首次突破1000万辆。虚拟电厂在分布式电源、北方清洁供暖、用户侧需求响应、电动汽车等方面都将具有广阔的应用前景。虚拟电厂可以"串联"起分布式光伏、储能设备、蓄热锅炉和可控负荷，实现冷、热、电整体能源供应效益最大化。在城市楼宇群，虚拟电厂可以实时监测中央空调、电动汽车等柔性可控负荷，环境参数以及分布式能源出力，围绕用户和系统需求，自动调节并优化响应质量，减少电源和电网建设投资，在创造良好舒适的生活环境的同时，实现用户和系统，技术和商业模式的双赢。

1.2.3.6 需求响应支持技术

（1）先进计量技术。将每个用户的电能表视为一个终端，实现数据的自动收集，并发送到总数据库进行分析、测量与管理。最基本的计量技术要求能够统计和汇总峰荷与非峰荷消费电量。近年来电子式智能电能表技术有了跨越式发展，未来电子表将可以直接改造进入计量技术系统从而将进一步增加系统的整合性，目前大多数智能电能表的使用者都能在现有的电子表中加入通信模块从而实现与中央数据库的双向通信。

（2）远方通信技术。远方通信包括单向和双向通信两种。单向通信通常是指远方抄表，也可实现向用户端发送价格信号的任务；完全的双向通信则使得双方都能同时接收和发送数据。当前采用的远方通信形式主要有电力线宽带、电力线通信、固定无线电频率网络和系统专用的公共网络等。

（3）固定无线电频率系统。对一个地区的读表信息进行统计和汇总，并通过各类通信技术上传至电网公司的中心数据库，这些通信技术可以是公共网络、微波、以太网等。从数据收集器到网络控制者之间基本是通过双向通信完成，从而使得中心数据库可以随时调用一个或多个表的数据信息和用电情况。

（4）智能控制技术。智能控制技术是为了执行双方已经同意的负荷削减，或由消费者设定一个价格门槛进行自动反应。控制技术按响应速度不同可以分为很多种，快速控制须由全自动装置完成，系统的自动化功能使得用户可以事先设定程序控制他们的制冷制热系统、热水供应系统和游泳池水泵等设备的用电，自动按照其自行设定的价格或其他参数（如温度）的组合决定启停。

1.3 关键技术问题

1.3.1 电力规划方面

1.3.1.1 多类型电源规划布局及优化配置技术

关键问题1：省级电网大规模风光火储规划计算中需要考虑新能源发电的

随机波动性。传统的电源规划方法主要基于若干个典型日出力序列开展计算，在新能源占比不高的情况下，系统负荷具有明显的季节性特征，因此典型日计算方法具有较高的准确性。然而，随着电力系统中新能源发电装机占比的不断增加，系统发电的随机波动性越来越强，由于新能源发电具有明显的每日差异性，采用若干个典型日出力曲线开展规划计算的方式已经难以保证规划结果的准确性和可靠性。因此，更加合理的方法是基于新能源全年 8760h 的出力序列，通过开展时序生产模拟计算确定风光火储的最优配置容量。

关键问题 2：需要建立满足风光火储多目标规划计算需要的时序生产模拟优化模型。采用时序生产模拟方式开展风光火储电源规划计算的核心在于时序生产模拟优化建模。针对送端电网的风光火储规划计算需要充分考虑电网运行特性、电源调峰能力、直流运行特性，建立满足电网运行效益最大化的时序生产模拟优化模型。在开展化学储能、抽蓄等具有储能特性设备的规划时，还需要考虑其对新能源出力的平抑作用。此外，由于储能设备的投资成本较大，开展储能规划需要综合考虑电网运行效益和储能设备投资收益等多方面因素，属于多目标优化问题。因此，需要建立满足风光火储多目标规划计算需要的时序生产模拟优化模型。

关键问题 3：风光火储规划计算模型规模大、非线性、时变性强以及约束条件复杂。风光火储规划计算的时序生产模拟优化模型具有规模大、非线性、时变性强以及约束条件复杂的特点，优化求解需要考虑新能源出力特性、受端负荷特性、跨区电网传输安全等多方面因素。而时序生产模拟的时间尺度通常不低于一年，这会大大增加优化问题规模，使得计算求解面临"NP 难"问题，即计算量随问题的规模急剧增加而难以在有限时间内求解。因此，如何采用系统性的建模方法，建立一个精度高并且又易于求解的混合整数规划模型，是难题和关键点。

1.3.1.2 网架形态与规划技术

关键问题 1：如何利用降维技术对电网运行方式聚类结果进行阶段性分析。随着风电、光伏等间歇性可再生能源大规模并网，运行方式呈现多样化的特点。在规划中，依据负荷"冬大冬小，夏大夏小"等选取典型和极端运行方式的经验原则难以继续适用。随着新能源比例提高到一定水平，现有国内外聚类技术可能存在不适用的问题。为了提取能够指导后续电网规划的典型与极端运行方式，还需要提出安全指标，使提取结果既能反映负荷、新能源出力变化特征，又能反映影响电力系统安全的特征。因此，如何在高比例新能源不断提升的电网中提取典型、极端运行方式，如何提出考虑安全性的运行方式提取判别指标是一个关键问题。

关键问题2：如何基于机器学习处理电网调度运行海量历史运行数据，并建立新能源出力概率模型。针对海量运行方式数据，现有的新能源出力概率建模效率低，目前概率建模的参数法对概率分布进行经验性假定，因此处理速度和精度不高，难以准确描述新能源出力概率。此外，不同地区风电序列随机性往往不满足一种概率分布。采用非参数法的人工智能方法能够避免建模误差，但仍然需要解决预测模型中参数需要经验设定的问题。因此，面对广域分布的风电场如何选取新能源出力概率模型和参数是一个关键问题。

关键问题3：以电网高比例新能源接入场景为研究对象，研究如何建立合理的输电网结构形态优化模型。随着新能源接入电网的比例不断提升，电网的发展演化将会呈现与以往不同的态势。为了分析未来输电网结构随新能源比例提高的演化路线，需要提出考虑高比例新能源下的输电网结构形态优化模型，通过选择合理的优化目标及反映高比例新能源带来的安全风险约束，以合理有效的应对未来系统的灵活性、安全性需求。如何建立科学的输电网结构形态优化模型，是一个关键问题。

1.3.1.3　储能容量配置与经济性研究

关键问题1：促进新能源消纳的储能容量原则和方案研究。针对电网高比例新能源、多直流送出特点，提出提升送端电网新能源消纳外送能力的储能容量配置和布局是关键点之一。如何在充分考虑联络线交换约束，弃电约束和储能运营成本约束下，提高省级电网模型求解效率和在边界不确定下储能配置容量是关键问题之一。

关键问题2：储能配置对电网的影响分析。如何计及储能配置对调峰能力、新能源消纳能力、电价机制及对电力电量平衡（直流运行近区及全网）的影响，得出储能的合理配置规模是关键问题之二。

关键问题3：储能的效率经济性建模和评价。合理化设计储能的应用模式，建立了基于全寿命周期成本—效益净现值法的储能综合效益模型和评价指标，并结合算例分析了经济可行性；最后，根据不同类型储能的技术特点和寿命成本，储能运营模式特点，提出推动储能健康发展的政策建议是关键问题之三。

1.3.2　电力运行方面

1.3.2.1　新能源出力及控制不确定性下的系统稳定特性分析

关键问题 1：新增直流及新能源接入对电网暂态安全稳定的影响分析难。新增直流及"风光火输储一体化"近远期规划电网建成后，高比例电力电子设备接入对电网功角、电压、频率稳定特性影响机理复杂，需要构建新增直流及新能源送出系统模型，研究风电、光伏送出系统在各种扰动下的安全稳定特性。

关键问题 2：新增直流及新能源接入对电网暂态安全稳定应对策略复杂。直流送电能力制约因素及实现满功率送电需要的条件下，电网稳定运行控制、短路电流超标治理、暂态过电压抑制等措施复杂，需要研究含高比例电力电子型设备的电力系统，提出提高系统安全稳定性的优化控制措施。

1.3.2.2　计及系统安全的新能源接纳能力评估技术

关键问题 1：多场站新能源大规模接入交直流混联电网的评估难。含高比例电力电子化装备的大规模交直流混联电网精准仿真系统构建难，制约多场站新能源大规模接入交直流混联电网的主导因素复杂，需要建立多场站新能源接入交直流混联电网的典型场景，分析多场站新能源接入交直流混联电网的安全稳定特性及主导制约因素，分析多场站新能源接入交直流混联电网在大扰动后系统电压波动机理，提出交直流混联电网安全稳定特性约束的多场站新能源接纳规模量化评估指标及方法。

关键问题 2：提升交直流混联电网的新能源极限接纳能力的综合控制措施优化复杂。制约多场站新能源大规模接入交直流混联电网的主导因素复杂，对应的提升交直流混联电网的新能源极限接纳能力的综合控制措施也很复杂，需要研究提升交直流混联电网新能源极限接纳规模的新能源发电设备级优化控制措施和系统级综合控制措施，并利用仿真平台对各优化策略进行仿真验证。

1.3.2.3　新能源消纳受阻因素辨识及辅助决策

关键问题 1：高比例新能源区域电网消纳受阻因素智能辨识难。新能源高占比地区长链式、多级接力送电通道，运行时级联输电断面耦合，通道送电能力受各类新能源外送方式、直流可回降量等多种因素影响，运行方式组合多、可控策略辅助等特点，用传统的物理驱动模型计算断面稳定限额对模型难以准确建立、隐式关联关系难以刻画，由于多稳定模式融合导致的断面限额钳制效应难以物理解析的问题，高比例新能源区域电网消纳受阻因素智能辨识难，需要挖掘出新能源区域外送时空分布特性与输电断面的关联关系，识别出新能源消纳断面受阻的关键因素。

关键问题 2：高比例新能源区域电网消纳辅助决策模型复杂。传统模型驱动方法下断面限额模型计算复杂、求解效率低下，导致实际电网往往采用最恶劣的断面极限整定值为限额定档，从而使断面利用率低下、新能源进一步消纳受阻，需要基于人工智能建立的精细规则，提出快速校核输电通道限额档位以及档位校正的闭环框架，并考虑级联断面限额协调关联关系，建立强关联断面限额的关联档位快速校正方法，在校正的断面限额档位下实现计及新能源不确定性的保守运行优化决策，在保证安全的前提下合理挖掘断面输送潜力，提升级联电网的新能源消纳能力。

1.3.2.4　系统安全风险在线评估与防御

关键问题 1：送受端源荷不确定性下高风险运行场景在线识别难。源荷不确定性导致运行场景组合数目过于庞大，考虑特高压跨区电网源荷不确定性的高风险运行场景在线筛选难，源荷不确定性下可用输电能力计算效率低、准确性差等问题，现有安全态势感知与特征提取技术，难以有效支撑送受端源荷不确定性下高风险运行场景在线识别，现有安全态势感知与特征提取技术，难以有效支撑送受端源荷不确定性下高风险运行场景在线识别，需要进一步研究计及超短期、短期等多时间尺度新能源 / 负荷预测数据和计划数据的电网运行趋势动态感知技术；基于考虑交直流交互影响下全局电网动态耦合特性的仿真分析及量化评估技术，研究特高压跨区电网安全稳定指标量化评估及态势预估技术，实现安全稳定特征在线提取及评价；基于静态/暂态/动态等不同安全稳定量化指标，研究综合机理分析和历史数据分析的源荷关键特征量在线识别及参与程度量化评估技术。

关键问题2：送受端源荷不确定性下系统安全防御难。现有在线辅助决策方法主要针对单一确定性方式下的静态安全和暂态安全稳定等安全稳定问题，缺乏针对海量高风险运行场景的考虑多时段连续性的在线辅助决策方法，难以满足面向海量高风险运行场景的大电网全局安全风险优化决策需求，需要进一步深入挖掘安全稳定导则故障设防标准和风险防御理念，进一步研究综合安全风险和新能源消纳、考虑多断面调整连续性的大电网全局预防控制决策方法，以预防控制代价和考虑场景故障概率的全局安全风险之和最小为目标，通过搜索预防控制代价和全局安全风险间的平衡点实现安全风险优化决策，需进一步研究融合物理机理和数据驱动的高风险运行场景关键特征量抽取和降维方法、多类安全风险影响综合评价和历史分析结果的控制方案智能筛选以及基于机器学习算法的控制方案安全风险快速校核方法，实现面向源荷不确定性场景的全局安全风险智能优化决策。

1.3.2.5　系统动态安全态势感知及预防控制技术

关键问题1：高比例新能源电网动态安全评估难。大规模新能源接入导致的多种随机、不确定因素作用下大电网动态安全分析和控制困难，缺少多种不确定因素作用下电网动态安全评估量化指标，难以开展多不确定因素作用下的电网动态安全态势感知和评估，实现不确定扰动下大电网动态安全预警。

关键问题2：高比例新能源电网预防控制策略复杂。多不确定性对安全性的影响，其时空多维演化机理极其复杂，传播路径难以精准捕捉，解决多不确定性对安全性影响的可防问题，面临新的挑战，高比例新能源电网预防控制策略复杂。需要分析特性各异的不确定因素在不同事故场景下对送端电网暂态稳定安全的本征影响，构建计及多重不确定性因素影响的电网动态安全稳定预防控制框架。

1.3.3　电力市场方面

关键问题1：机制设计应当考虑省内市场与外送市场的联动。随着新型电力系统的建设，省内供需关系发生质变，源荷界限模糊，电力电量平衡概率化且时段性特性突出。大规模新能源背景下，如何在保障区内供需平衡的基础上，实现外送曲线的最优、外送规模的最大化，也是需要攻破的重要课题。整体来看，外送电市场运营环境复杂，传统的"经验性"外送已经无法满足宁夏电网外送电市场发展的需求；省内市场亟待优化，需要合理且高效的区内市场机制支撑，充分体现市场资源优化配置作用，拉大峰谷价差，还原电力时间价值，挖掘可调节资源主动调节，激励、引导电网灵活性资源参与调节，以保障外送电的稳定性。

关键问题2：需求侧响应资源价值评估与可行性分析。明确当前电网的实际市场需求和需求侧响应资源参与电网调节的可行性是后续开展响应机制及关键技术研究的基础。因此，基于电网的实际需求和电网运行的建设路径，分析需求侧灵活性资源可参与的负荷调控应用场景，对相应的调控潜力进行测算，以及分析宁夏地区工商业负荷、储能、电动汽车等需求侧资源的响应规模与响应能力。

关键问题3：基于电网实际运行情况和电力改革需求，提出需求侧的商业模式。需求侧参与协调互动在国外成熟的建设中已经取得了一定的成果，并保持良好的运行。国内许多地区也开展了不同程度、不同类型的改革试点。但不管是国外先进经验，抑或国内阶段性成果，市场环境和实际需求都与实际电网有所区别。如何因地制宜地借鉴各地市场机制中的可取之处，与当前需求侧的建设现状结合，建立适应电网的商业模式，实现需求侧市场与当前电能量市场、辅助服务市场的协调配合。

关键问题4：源网荷储协调互动下需求侧资源优化运行策略。目前某些地区需求侧响应资源作为协调手段尚未参与到电网运行中，缺乏相关机制，需求侧参与电网运行的管理方式、调度模式还需要设计探讨，如何设计反映电网实际需求、充分吸引需求侧资源参与，提出不同类型需求资源的调控手段与激励方式。

关键问题5：建立基于客户侧物联网需求侧管控技术研究。电网现有调度模式主要面向发电企业，需求侧调节资源大量接入后，将对现有电网调控模式带来挑战。掌握柔性负荷综合响应建模技术和聚类分析技术，重新考虑电网的调度和调控策略，挖掘工业企业调节潜力，实现需求侧资源的协同高效控制，支撑电力系统的供需互动。

关键问题 6：实现不同时间尺度下负荷可调节能力的量化评估。在调研分析负荷侧可控资源类型及新能源消纳现状的基础上对用户用电行为特征、用电时段偏好等指标进行分析，研究各用户意愿参与时段与参与潜力，在明确区内主要大工业用能类别用户（碳化硅电池、冶炼等）的客户基线负荷曲线基础上，实现不同时间尺度下负荷可调节能力的量化评估。

关键问题 7：实现多类型可调节负荷价值最大化响应。为适应不同电网调节需求，优化不同时间尺度下负荷可调节能力的量化计算模型，根据可调节负荷的响应类型、响应速率、响应时段等需求响应指标对不同类别的负荷进行可调节能力预测，实现多类型可调节负荷价值最大化响应。

关键问题 8：实现负荷聚合运营红利传导的激励反馈。研究考虑不同类型可调节负荷响应特征的差异化激励策略，提升负荷聚合商、虚拟电厂、综合能源服务商等大工业终端用户的响应程度，提出考虑综合贡献度的负荷聚合运营的红利传导方法。

2

面向新型电力系统的源网荷储规划技术

2.1 风光火储电源优化配置技术

2.1.1 基于时序生产模拟的源网荷储建模技术

2.1.1.1 电源建模

（1）火电机组聚合模型。考虑大多数火电机组具有相似的运行参数，将具有相同参数的机组归并为一类机组，设置为聚合机组，建立火电机组聚合模型。以容量作为机组聚合分类的依据，对凝气和抽气机组进行聚合分类。聚合机组需满足的约束条件有：聚合机组运行台数约束、聚合机组输出功率约束、聚合机组爬坡约束、聚合机组最小启、停时间约束。

1）聚合机组运行台数约束为

$$\begin{cases} 0 \leqslant S_g(t) \leqslant N_g \\ S_g(t) - S_g(t-1) = U_g(t) - D_g(t) \\ Y_g(t) \leqslant U_g(t) \leqslant N_g Y_g(t) \\ Z_g(t) \leqslant D_g(t) \leqslant N_g Z_g(t) \\ Y_g(t) + Z_g(t) \leqslant 1 \end{cases} \qquad (2-1)$$

式中：$S_g(t)$ 为第 t 个时段第 g 个类型火电机组开机台数；N_g 为火电机组的总台数；$U_g(t)$ 为火电机组启动台数；$D_g(t)$ 为火电机组停机台数；$Y_g(t)$ 为二进制变量，1、0 分别表示有无启动机组；$Z_g(t)$ 为二进制变量，1、0 分别表示有无停机机组。

2）聚合机组输出功率约束为

$$P_g^{\min} S_g(t) \leqslant P_g(t) \leqslant P_g^{\max} S_g(t) \qquad (2-2)$$

式中：$P_g(t)$ 为火电机组的发电功率；$P_g^{\min}$ 和 $P_g^{\max}$ 分别为火电机组的最小和最大技术出力。

3）聚合机组爬坡约束为

$$-R_g^{\mathrm{d}}S_g(t) \leqslant P_g(t) - P_g(t-1) \leqslant R_g^{\mathrm{u}}S_g(t) \tag{2-3}$$

式中：R_g^{u} 和 R_g^{d} 分别表示火电机组的上、下爬坡率。

4）聚合机组最小启、停时间约束为

$$\sum_{t'=t}^{t+M_g^{\mathrm{u}}-1}[1-Z_g(t')] \geqslant M_g^{\mathrm{u}}Y_g(t) \tag{2-4}$$

$$\sum_{t'=t}^{t+M_g^{\mathrm{d}}-1}[1-Y_g(t')] \geqslant M_g^{\mathrm{d}}Z_g(t) \tag{2-5}$$

式中：M_g^{u} 和 M_g^{d} 分别表示火电机组的最小启、停机时间。

（2）水电机组模型。水力发电具有清洁、低碳、廉价、可再生的优点，应予充分利用。径流式水电机组的出力类似于风电机组的出力公式，即

$$P_{\mathrm{h}}(t) = S^{\mathrm{r}} \cdot FLH \cdot \frac{P_{i,t}^{\mathrm{rh}}}{\sum_{i,t}(P_{i,t}^{\mathrm{rh}} \cdot 1)} \tag{2-6}$$

式中：$P_{\mathrm{h}}(t)$ 为径流式水电机组的出力 $P_{i,t}^{\mathrm{rh}}$ 为输入的径流式水电每小时变化的出力数据；S^{r} 为径流式水电机组的装机容量；FLH 为水电机组满负荷运行小时数；i 指第 i 台水电机组；t 指第 t 小时。

基于不同水电站水情信息，水库模型一般采用两种适用于时序生产模拟的水电站水库模型，即基于出库流量的水库模型和基于综合耗水率的水库模型。

（3）新能源聚合模型。聚合电网内的可再生能源场站以汇集站为单位进行聚合，形成装机规模较大的等效风电场和光伏电站。等效风电场和光伏电站的装机容量为所有场站装机容量之和，即

$$C_w = \sum_{i=1}^{I_w}C_{w,i}, \quad C_v = \sum_{j=1}^{I_v}C_{v,j}$$

式中：i 和 j 分别为风电场和光伏电站序号；I_w 和 I_v 为汇集节点 w 和 v 内的风电场和光伏电站的数量；$C_{w,i}$ 和 $C_{v,j}$ 分别表示第 i 个风电场和第 j 个光伏电站的装机容量；C_w 和 C_v 为汇集节点 w 和 v 内的风电和光伏总装机容量。

因此，风电场和光伏电站的发电功率需要满足的约束为

$$\begin{cases} 0 \leqslant p_n^W(t) \leqslant \sum_{w \in n} C_w \rho_n^W(t) \\ 0 \leqslant p_n^V(t) \leqslant \sum_{v \in n} C_v \rho_n^V(t) \end{cases} \quad （2-7）$$

式中：$p_n^W(t)$ 和 $p_n^V(t)$ 分别表示风电和光伏发电在 t 时段的优化出力；$\rho_n^W(t)$ 和 $\rho_n^V(t)$ 分别表示风、光发电在 t 时段的归一化理论出力。

2.1.1.2 电网建模

输送断面送出能力成为新能源发电出力受限与否的最直接的影响因素之一。基于受限断面将大规模风电、光伏发电等新能源所汇集的变电站或地区当作一个小型电网分成多个区域，并建立适用于生产模拟计算的省级电网等效聚合模型。

根据跨区直流联络线实际运行的特点，直流联络线功率调整时需考虑约束条件包括：跨区直流联络线优化约束、受端电网直流功率安稳极限值约束、送端电网新能源出力预测、送端电网负荷预测、送端电网系统平衡约束、送端电网安全运行约束、送端电网备用约束、送端电网常规机组运行约束等，建立适应时序生产模拟计算的直流运行优化模型，考虑受端电网的直流受电安稳限值以及跨区直流运行约束，开展考虑跨区直流外送的新能源消纳计算得到新能源消纳结果。模型求解流程如图 2-1 所示。

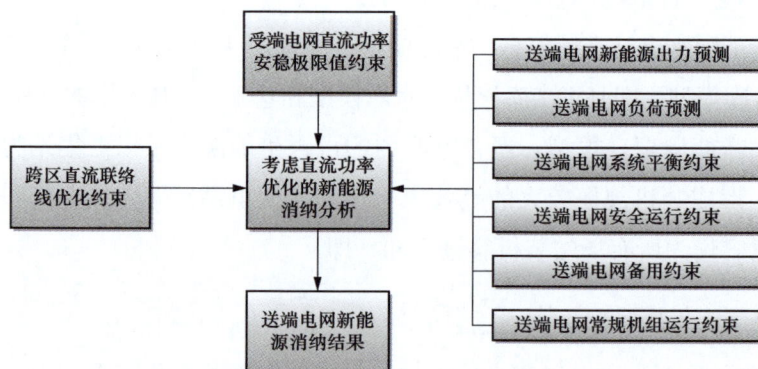

图 2-1　考虑跨区直流优化的新能源消纳分析流程

2.1.1.3 负荷建模

基于最大负荷和用电量对历史负荷曲线进行倍乘得到最终负荷曲线，考

虑需求响应调峰，建立考虑以下约束的需求响应调峰模型，即

$$\begin{cases} \Delta l_{n,\text{u}}^t \leq \Delta l_{n,\text{max}}^t \\ \Delta l_{n,\text{d}}^t \leq \Delta l_{n,\text{max}}^t \end{cases} \tag{2-8}$$

式中：$\Delta l_{n,\text{u}}^t$ 和 $\Delta l_{n,\text{d}}^t$ 分别代表 t 时刻区域 n 负荷增加功率大小，以及 t 时刻区域 n 负荷下降功率大小；$\Delta l_{n,\text{max}}^t$ 为 t 时刻区域 n 负荷可转移功率上限。式（2-8）为负荷转移功率上限建模，该约束限制了 t 时刻负荷转移功率的上限。

负荷转移电量上限建模为

$$\sum_{t=1}^{T}(\Delta l_{n,\text{u}}^t + \Delta l_{n,\text{d}}^t)/2 \leq Q_n \tag{2-9}$$

式中：T 为负荷模型的调度周期；Q_n 为负荷转移总电量，其值可根据 T 的取值情况确定。

不同负荷结清方式建模为

$$\sum_{t=1}^{T}\Delta l_{n,\text{u}}^t - \sum_{t=1}^{T}\Delta l_{n,\text{d}}^t = 0 \tag{2-10}$$

式（2-10）的约束表明，在 T 的总调度周期内，所有时间断面负荷向上增大的功率总和应与向下减少的功率总和相同，即保证调度周期内的负荷用电量不变。T 的取值可根据电网调度运行人员采用的负荷管理方式来选取。

2.1.1.4　多类型储能建模

（1）电化学储能电站运行优化建模技术。

1）电化学储能电站运行以充放电状态约束，即

$$0 \leq u_{\text{ch}}^t + u_{\text{disch}}^t \leq 1 \tag{2-11}$$

式中：u_{ch}^t 为充电状态；u_{disch}^t 为放电状态。

充放电出力约束为

$$u_{\text{ch}}^t P_{\text{ch}}^{\min} \leq P_{\text{ch}}^t \leq u_{\text{ch}}^t P_{\text{ch}}^{\max} \tag{2-12}$$

$$[1-W(t)]P_{\text{disch}}^{\min} \leq P_{\text{disch}}^t \leq [1-W(t)]P_{\text{disch}}^{\max} \tag{2-13}$$

$$u_{\text{disch}}^t P_{\text{disch}}^{\min} \leq P_{\text{disch}}^t \leq u_{\text{disch}}^t P_{\text{disch}}^{\max} \tag{2-14}$$

式中：$P_{\text{ch}}^{\min}$ 为充电功率最小值；$P_{\text{ch}}^{\max}$ 为充电功率最大值；P_{ch}^t 为充电功率；$P_{\text{disch}}^{\min}$ 为放电功率最小值；$P_{\text{disch}}^{\max}$ 为放电功率最大值；P_{disch}^t 为放电功率；$W(t)$ 为弃风

状态，当发生弃风时，$W(t)$ 为 1，储能不放电。

2）储能荷电状态（state of charge，SOC）约束为

$$E_{\text{es}}^t = E_{\text{es}}^{t-1} + \Delta T\eta_{\text{ch}}P_{\text{ch}}^t - \Delta TP_{\text{disch}}^t$$
$$N_{\text{battery}}SOC^{\min} \leqslant E_{\text{es}}^t \leqslant N_{\text{battery}}SOC^{\max} \qquad (2\text{-}15)$$

式中：E_{es}^t 为 t 时刻化学储能电站的能量；η_{ch} 为充电效率；P_{ch}^t 为充电功率；N_{battery} 为化学储能容量；$SOC^{\min}$ 为荷电状态最小值；$SOC^{\max}$ 为荷电状态最大值。

3）充放电次数 N 约束为

$$\sum_{t=1}^{T}(u_{\text{ch}}^t + u_{\text{disch}}^t) \leqslant N \qquad (2\text{-}16)$$

（2）抽蓄电站运行优化建模技术。抽蓄电站在运行过程中，需要满足发电功率约束、抽水功率约束、抽放水状态约束、库容约束、年综合利用小时数约束。

1）发电功率约束为

$$\begin{cases} X_i(t)\underline{p}_i^{\text{G}} \leqslant p_i^{\text{G}}(t) \leqslant X_i(t)\overline{p}_i^{\text{G}} \\ X_i(t) \in \{0,1\} \end{cases}, i \in I_{\text{in}} \qquad (2\text{-}17)$$

式中：$p_i^{\text{G}}(t)$ 为抽蓄电站的发电功率；$\overline{p}_i^{\text{G}}$ 和 $\underline{p}_i^{\text{G}}$ 为抽蓄电站发电功率的上、下限；$X_i(t)$ 为 0-1 整数变量，$X_i(t)=1$ 表示抽蓄电站处于发电状态，$X_i(t)=0$ 表示抽蓄电站没有发电。

2）抽水功率约束为

$$\begin{cases} Y_i(t)\underline{p}_i^{\text{S}} \leqslant p_i^{\text{S}}(t) \leqslant Y_i(t)\overline{p}_i^{\text{S}} \\ Y_i(t) \in \{0,1\} \end{cases}, i \in I_{\text{in}} \qquad (2\text{-}18)$$

式中：$p_i^{\text{S}}(t)$ 为抽蓄电站的抽水功率；$\overline{p}_i^{\text{S}}$ 和 $\underline{p}_i^{\text{S}}$ 为抽蓄电站抽水功率的上、下限；$Y_i(t)$ 为 0-1 整数变量，$Y_i(t)=1$ 表示抽蓄电站处于抽水状态，$Y_i(t)=0$ 表示抽蓄电站没有抽水。

3）抽放水状态约束，约束抽蓄电站不能同时处于抽水和发电状态，即

$$X_i(t) + Y_i(t) \leqslant 1, i \in I_{\text{in}} \qquad (2\text{-}19)$$

4）库容约束为

$$W_i^0 - W_i^{\max} \leqslant p_i^{\text{G}}(t)\eta_{\text{G}} - p_i^{\text{S}}(t)\eta_{\text{S}} \leqslant W_i^0 - W_i^{\min}, i \in I \qquad (2\text{-}20)$$

式中：$p_i^G(t)$ 和 $p_i^S(t)$ 为抽蓄电站的发电功率和抽水功率；W_i^0 为抽蓄电站水库的初始水量；W_i^{max} 和 W_i^{min} 为水库的最大和最小水量；η_G 和 η_S 为发电和抽水时的平均水量 / 电量转换系数。

5）年综合利用小时数约束为

$$\frac{\sum_{t=1}^{T} p_i^G(t)}{\overline{p}_i^G} + \frac{\sum_{t=1}^{T} p_i^S(t)}{\overline{p}_i^S} \leqslant N, i \in I_{in} \tag{2-21}$$

式中：N 为抽蓄电站设计的年最大综合利用小时数；$\overline{p}_i^G$ 为抽蓄电站发电功率的上限；$\overline{p}_i^S$ 为抽蓄电站抽水功率的上限；I_{in} 为抽蓄电站的总个数。

抽蓄电站上网功率 $p_i^H(t)$ 可表示为

$$p_i^H(t) = p_i^G(t) - p_i^S(t), i \in I_{in} \tag{2-22}$$

2.1.2　基于时序生产模拟的风光火储电源规划技术

2.1.2.1　基于时序生产模拟的风光火储多目标优化技术

考虑新能源随机波动性、常规机组启停和电网运行方式时变约束，建立新能源时序生产模拟多目标优化模型。以清洁性、最优经济性、最优投资成本最低为目标函数，考虑多种约束条件，实现考虑新能源资源及出力特性的全局备用容量优化。

（1）目标函数。新能源时序生产模拟的核心是电力系统运行方式优化模型，其优化目标可为全网发电清洁性最优、发电经济性最优、投资成本最优等，下面分别介绍几种目标下目标函数的数学形式。

1）目标函数中全网发电清洁性最优对应着优化周期内新能源发电量接纳最大，考虑到新能源发电出力随其集中安装地点的不同而不同，可以将不同聚合电网的新能源单独计算，因此优化周期内的目标函数为

$$\max \sum_{t=1}^{T} \sum_{n=1}^{N} [P_w(t,n) + P_{pv}(t,n)] \tag{2-23}$$

式中：N 为系统所包含的聚合电网总数；n 为聚合电网索引；T 为调度时间的总长度；t 为仿真时间步长；$P_w(t,n)$ 为聚合电网 n 在时段 t 的风电出力；$P_{pv}(t,n)$ 为聚合电网 n 在时段 t 的光伏发电出力。

2）目标函数中发电经济性最优对应着优化周期内全网所有电源的运行成本最小，考虑到新能源及水电等可再生能源的运行成本很低，本书中的运行成本只考虑火电机组。因此，目标函数的数学形式为

$$\max \sum_{t=1}^{T} \sum_{n=1}^{N} \left\{ \sum_{j=1}^{J} [C_j(t,n) + S_j^{\text{on}}(t,n) C_j^{\text{SU}} + S_j^{\text{off}}(t,n) C_j^{\text{SD}}] \right\} \qquad (2-24)$$

式中：$C_j(t,n)$ 为聚合电网 n 第 j 类火电机组在 t 时段的运行成本；$S_j^{\text{on}}(t,n)$ 和 $S_j^{\text{off}}(t,n)$ 为火电机组的启机和停机台数；C_j^{SU} 和 C_j^{SD} 为火电机组的单次启机和停机费用。

3）火电机组的运行成本主要为煤耗成本，其表达式为

$$C_j(t,n) = a_j P_j(t,n)^2 + b_j P_j(t,n) + c_j \qquad (2-25)$$

式中：a_j、b_j、c_j 分别表示火电机组二次煤耗曲线的系数；$P_j(t,n)$ 为聚合电网 n 第 j 类火电机组在 t 时段发电功率。

目标函数中投资成本最优对应着投资成本最小，主要用于电源容量规划，其表达式为

$$\min(C^{\text{IB}} \cdot E^{\text{IB}} + C^{\text{INV}} \cdot S^{\text{INV}}) \qquad (2-26)$$

式中：C^{IB} 和 C^{INV} 分别为投资对象单位容量的投资成本；E^{IB} 和 S^{INV} 分别为投资对象的配置容量。

（2）约束条件。新能源时序生产模拟多目标优化模型中，约束条件包括区域负荷平衡约束、系统旋转备用约束、联络线传输容量约束和新能源出力约束，下述的所有约束条件对 $t=1, 2, \cdots, T$ 时段均成立。

1）区域负荷平衡约束可表示为

$$p_n^{\text{W}}(t) + p_n^{\text{PV}}(t) + p_n^{\text{H}}(t) + \sum_{i \in I_n} p_{n,i}^{\text{G}}(t) + \sum_{j \in J_n} p_{n,j}^{\text{CH}}(t)$$

$$+ \sum_{l \in L_n} p_{n,l}^{\text{NG}}(t) + \sum_{m \in M_n} p_{n,m}^{\text{NC}}(t) + \sum_{m=1, m \neq n}^{N} p_{m,n}^{\text{F}}(t) \qquad (2-27)$$

$$= p_n^{\text{D}}(t), n = 1, 2, \cdots, N$$

式中：$p_n^{\text{W}}(t)$、$p_n^{\text{PV}}(t)$、$p_n^{\text{H}}(t)$ 分别为 t 时段区域 n 的风电、光伏发电和水电出力；$p_{n,i}^{\text{G}}$、$p_{n,j}^{\text{CH}}$、$p_{n,l}^{\text{NG}}$、$p_{n,m}^{\text{NC}}$ 分别为 t 时段区域 n 的常规火电机组 i、供热机组 j、燃气机组 l 与核电机组 m 的出力；$p_{m,n}^{\text{F}}$ 为 t 时段区域 m 和区域 n 之间的

联络线传输功率；$p_n^D(t)$ 为 t 时段区域 n 的负荷。

2）系统旋转备用约束可表示为

$$\sum_{n=1}^{N} \left\{ \begin{array}{l} \sum_{i \in I_n} (\overline{p}_{n,i}^G - p_{n,i}^G(t)) + \sum_{j \in J_n} (\overline{p}_{n,j}^{CH} - p_{n,j}^{CH}(t)) + \sum_{l \in L_n} (\overline{p}_{n,l}^{NG} - p_{n,l}^{NG}(t)) \\ + \sum_{m \in M_n} (\overline{p}_{n,m}^{NC} - p_{n,m}^{NC}(t)) + \overline{p}_n^H - p_n^H(t) \end{array} \right\} \geqslant r^U$$

（2-28）

$$\sum_{n=1}^{N} \left\{ \begin{array}{l} \sum_{i \in I_n} (p_{n,i}^G(t) - \underline{p}_{n,i}^G) + \sum_{j \in J_n} (p_{n,j}^{CH}(t) - \underline{p}_{n,j}^{CH}) + \sum_{l \in L_n} (p_{n,l}^{NG}(t) - \underline{p}_{n,l}^{NG}) \\ + \sum_{m \in M_n} (p_{n,m}^{NC}(t) - \underline{p}_{n,m}^{NC}) + p_n^H(t) - \underline{p}_n^H + p_n^W(t) + p_n^{PV}(t) \end{array} \right\} \geqslant r^D$$

（2-29）

式中：r^U 和 r^D 分别为全网需预留的正、负旋转备用容量；$\underline{p}_{n,i}^G$ 和 $\overline{p}_{n,i}^G$ 为区域 n 常规火电机组 i 的最小和最大技术出力；$\underline{p}_{n,j}^{CH}$ 和 $\overline{p}_{n,j}^{CH}$ 为区域 n 供热机组 j 的最小和最大技术出力；$\underline{p}_{n,l}^{NG}$ 和 $\overline{p}_{n,l}^{NG}$ 为区域 n 燃气机组 l 的最小和最大技术出力；$\underline{p}_{n,m}^{NC}$ 和 $\overline{p}_{n,m}^{NC}$ 为区域 n 核电机组 m 的最小和最大技术出力；$\overline{p}_n^H$ 和 $\underline{p}_n^H$ 为 t 时段区域 n 水电的最大和最小技术出力；$p_{n,j}^{CH}$ 为供热机组。式中风电和光伏发电可为系统提供负备用。

3）联络线传输容量约束可表示为

$$-\overline{F}_{m,n} \leqslant p_{m,n}^F(t) \leqslant \overline{F}_{m,n}, m=1,2,\cdots,N, n=1,2,\cdots,N, m \neq n \quad （2-30）$$

$$p_{m,n}^F(t) = -p_{n,m}^F(t), m=1,2,\cdots,N, n=1,2,\cdots,N \quad （2-31）$$

式中：$\overline{F}_{m,n}$ 为区域 m 和区域 n 之间联络线的最大传输容量；$p_{m,n}^F$ 为区域 m 和区域 n 之间联络线的传输容量。

4）新能源出力约束可表示为

$$0 \leqslant p_n^W(t) \leqslant S_n^W \rho_n^W(t), n=1,2,\cdots,N \quad （2-32）$$

$$0 \leqslant p_n^{PV}(t) \leqslant S_n^{PV} \rho_n^{PV}(t), n=1,2,\cdots,N \quad （2-33）$$

式中：S_n^W 和 S_n^{PV} 分别为区域 n 风电和光伏发电装机容量；$\rho_n^W(t)$ 和 $\rho_n^{PV}(t)$ 分别表示 t 时段区域 n 的风电和光伏发电理论功率归一化值。

（3）考虑新能源资源及出力特性的全局备用容量优化方法。我国幅员辽阔，区域之间的新能源资源具有很强的相关性及互补特性。通过省间互济、资源互补，区域整体的波动性能够得到缓解。

新能源出力具有随机性，新能源预测的准确性在很大程度上影响着系统实时备用情况及新能源消纳情况。但有时预测曲线的精度偏低，编者认为可以合理考虑新能源预测水平，分析其预测偏差的统计特性，基于新能源功率预测统计特性优化系统机组开机方式。

为提升全网的新能源消纳能力，需采取考虑新能源资源互补特性及预测出力特性、基于跨区特高压直流联络线的全局备用容量优化技术，通过优化常规火电机组的开机方式，达到系统实时备用的合理优化、促进新能源消纳、提升电网整体运行效益的目的。

新能源预测出力的均方根误差（RMSE）可表示为

$$RMSE = \sqrt{\frac{1}{n}\sum_{i=1}^{n}\left(\frac{P_{ti} - P_{fi}}{C_i}\right)^2} \tag{2-34}$$

$$A_p = 1 - RMES \tag{2-35}$$

$$N_{C\%} = \max\{floor[n(1 - C\%)], 1\} \tag{2-36}$$

$$A_{guar} = A_p(N_{C\%}) \tag{2-37}$$

式中：P_{fi} 为 i 时段的预测功率；P_{ti} 为 i 时段的理论功率（实际功率和限电功率之和）；C_i 为 i 时段的开机总容量；n 为新能源场站发电时段样本个数；A_p 为新能源预测准确率；$C\%$ 为可信率；$N_{C\%}$ 为一个整数，满足 $1 \leqslant N_{C\%} \leqslant n$；$floor$ 表示向下取整；A_{guar} 为 $C\%$ 可信率对应的可信预测准确率。

将新能源按照预测可信准确率 A_{guar} 纳入机组开机方式约束，即

$$\sum_{k=1}^{N_k}\left\{A_{guar}\left[\sum_{w=1}^{N_w}P_{k,w}^{pre}(t) + \sum_{s=1}^{N_s}P_{k,s}^{pre}(t)\right] + \sum_{g=1}^{N_g}P_{k,g}^{max}(t) + \sum_{ph=1}^{N_{ph}}P_{k,ph}^{max}(t)\right\} \\ + \sum_{k=1}^{N_k}\left[\sum_{h=1}^{N_h}P_{k,h}^{max}(t) + \sum_{l=1}^{N_l}P_{k,l}^{max}(t)\right] = P_{ld}(t) \cdot (1 + \alpha) \tag{2-38}$$

式中：N_k 为区域划分数量；$P_{k,w}^{pre}(t)$ 为区域 k 内风电场 w 在 t 时刻的日前预测出力；N_w 为区域 k 内风电场数量；$P_{k,s}^{pre}(t)$ 为区域 k 内的光伏电站 s 在 t 时刻的日前预测出力；N_s 为区域 k 内光伏电站数量；$P_{k,g}^{max}(t)$ 为区域 k 内的火电机组 g 在 t 时刻的最大出力；N_g 为区域 k 内火电机组数量；$P_{k,ph}^{max}(t)$ 为区域 k 内的抽水蓄能电站 ph 在 t 时刻的最大出力；N_{ph} 为区域 k 内抽水蓄能电站数量；$P_{k,h}^{max}(t)$ 为区域 k 内的水电机组 h 在 t 时刻的最大出力；N_h 为区域 k 内水电机

组数量；$P_{k,l}^{\max}(t)$ 为区域 k 内的传输线 l 在 t 时刻的最大输电功率（功率受入为正）；N_l 为区域 k 内传输线数量；$P_{ld}(t)$ 为整个系统的负荷；α 为系统的备用留取率，一般取值为 3%～5%。

2.1.2.2 基于全周期分解的新能源时序生产模拟运行优化模型的快速求解方法

新能源生产模拟模型在数学上便可归结为求解混合整数线性规划问题，其数学模型简写为

$$\min f(x) \tag{2-39}$$

$$\text{s.t. } g_i(x) \geqslant 0, i=1, 2, \cdots, m \tag{2-40}$$

$$h_j(x) = 0, j = 1, 2, \cdots, m \tag{2-41}$$

式中：x 为待优化的变量集合；$f(x)$ 为优化目标函数；$g_i(x) \geqslant 0$ 为不等式约束集合；$h_j(x) = 0$ 为等式约束集合。

考虑风-光-火-储多目标优化的新能源时序生产模拟运行优化模型为典型的混合整数规划模型，可直接采用 CPLEX 或 GUROBI 等商业优化求解器进行求解。同时，基于时间分割的思想，将全年 8760 时段等分成 52 个周，将把原优化问题转化为 52 个规模较小的子优化问题，避免子优化问题间耦合作用影响结果，然后采用 CPLEX 或 GUROBI 等商业优化求解器逐个求解每个子优化问题。

2.1.2.3 风-光-火-储聚合模型分解

通过上一节模型的优化求解方法，可得到聚合电源的总出力、运行台数、可再生能源汇集节点出力等结果，同时需要考虑"三公"调度等因素，对常规机组、可再生能源场站的电量计划进行分解。

（1）聚合火电机组运行状态分解优化模型。综合考虑每台火电机组的运行特性和"三公"调度要求，建立聚合火电机组运行状态分解优化模型，优化每台火电机组的运行状态，模型具体如下。

1）目标函数。以全部优化时段内火电机组运行时长上、下限之间的偏差最小为目标，其表达式为

$$\min \ \overline{x}_g - \underline{x}_g \tag{2-42}$$

式中：$\bar{x}_g$ 和 $\underline{x}_g$ 为优化变量，分别表示第 g 类火电机组在全部优化时段内的最大和最小运行时长。

2）约束条件。机组运行台数约束为

$$\sum_{m=1}^{M} x_{m,g}(t) = S_g(t), \forall t \quad （2-43）$$

式中：m 为火电机组序号；M 为该类火电机组的总台数；S_g 为火电机组运行台数；$x_{m,g}(t)$ 为 0-1 变量，表示第 m 台火电机组在 t 时段的运行状态，$x_{m,g}(t) = 1$ 表示火电机组在 t 时段为开机状态，$x_{m,g}(t) = 0$ 表示在 t 时段为关机状态。

机组运行时长约束为

$$\underline{x}_g \leqslant \sum_{t=1}^{T} x_{m,g}(t) \leqslant \bar{x}_g, \forall m \quad （2-44）$$

启机与停机状态约束为

$$\begin{cases} \sum_{m=1}^{M} y_{m,g}(t) \leqslant M \cdot \mathrm{sgn}(|S_g(t) - S_g(t-1)|) \\ \sum_{m=1}^{M} z_{m,g}(t) \leqslant M \cdot \mathrm{sgn}(|S_g(t) - S_g(t-1)|) \end{cases}, \forall t \quad （2-45）$$

式中：$y_{m,g}(t)$ 为 0-1 变量，表示第 m 台火电机组在 t 时段的运行状态，$y_{m,g}(t) = 1$ 表示火电机组在 t 时段为启机状态，$y_{m,g}(t) = 0$ 表示在 t 时段为非启机状态；$z_{m,g}(t)$ 为 0-1 变量，表示第 m 台火电机组在 t 时段的运行状态，$z_{m,g}(t) = 1$ 表示火电机组在 t 时段为停机状态，$z_{m,g}(t) = 0$ 表示在 t 时段为非停机状态。

其他约束条件还包括机组最小开机和关机时间约束、机组启停机运行状态逻辑等约束。聚合火电机组运行状态分解优化模型为混合整数线性规划模型，调用 CPLEX 或 GUROBI 等商业优化求解器进行求解，得到每台火电机组在各时段的运行状态。

（2）聚合火电机组运行状态分解优化模型。在确定每类火电机组运行状态后，需要通过经济调度分配各场景下每台火电机组的出力，实现全网的节能发电，具体模型如下。

1）目标函数。目标函数为火电机组的总发电成本最小，其表达式为

$$\min \sum_{t=1}^{T} \sum_{m=1}^{M} F_m \left[p_{m,\mathrm{g}}(t) \right] \qquad (2-46)$$

式中：$F_m(\cdot)$ 为第 m 台火电机组的发电成本二次函数，此处精确区分了同类火电机组中每台机组的发电成本函数，以实现整体发电成本的最优；$p_{m,\mathrm{g}}(t)$ 为第 m 台火电机组在 t 时段的出力。

2）约束条件。机组发电功率约束表示机组的总出力与聚合机组相等，其表达式为

$$\sum_{m=1}^{M} p_{m,\mathrm{g}}(t) = p_{m,\mathrm{g}}(t), \forall t \qquad (2-47)$$

机组最小发电量约束，保证特定的机组完成其月度最小发电量的要求，其表达式为

$$\sum_{t=1}^{T} p_{m,\mathrm{g}}(t) \geqslant E_{m,\mathrm{g}}, m \in \Theta \qquad (2-48)$$

式中：Θ 表示有最小发电量要求的火电机组集合；$E_{m,\mathrm{g}}$ 表示第 m 台火电机组在全部时段的最小发电量。

其他约束条件还包括机组发电功率上下限和爬坡约束。上述聚合火电机组经济调度模型为线性二次规划模型，调用 CPLEX 或 GUROBI 等商业优化求解器进行求解，通过优化求解可得到每台火电机组在各时段的出力水平，最终得到其电量计划。

（3）可再生能源场站电量计划分解模型。可再生能源场站主要关注全月的整体发电情况，需要综合考虑汇集节点内各场站的装机容量及资源小时数等因素，将可再生能源汇集节点的总电量计划分解到每个场站。以风电场为例，各风电场站电量计划分解的计算式为

$$E_{\mathrm{w},i} = \sum_{t=1}^{T} p_{\mathrm{w}}(t) \cdot \frac{C_{\mathrm{w},i} \alpha_{\mathrm{w},i}}{\sum_{i=1}^{I_{\mathrm{w}}} C_{\mathrm{w},i} \alpha_{\mathrm{w},i}}, \forall i \qquad (2-49)$$

式中：$E_{\mathrm{w},i}$ 表示第 i 个风电场的月度发电量结果；$\alpha_{\mathrm{w},i}$ 表示第 i 个风电场的月度资源利用小时数，可参考风电场的历史数据进行估算。

2.1.2.4　GV-PLS 负荷预测模型

灰色 Verhulst（grey verhulst，GV）模型主要用来描述具有饱和状态、数

据呈 S 形的过程。在 GV 模型基础上引入循环背景值修正，并进行滚动预测，在一定程度上能够有效计入对预测对象有影响的不确定性因素。

偏最小二乘回归（partial least-square regression，PLS）是一种新型的多元统计分析方法，能在样本个数较少以及自变量存在严重多重相关性的条件下进行建模，且模型对实际数据及相关趋势有较强的解释力。PLS 是多元回归分析法中较为先进、应用性更广的一种预测方法。

GV+PLS 模型是一种应用较为成熟的模型，其预测精度较高，能有效适应新常态受各类复杂因素影响下的用电量变化情况。结合省级地区经济发展态势与战略部署，提取地区 GDP，第二产业、第三产业增加比例，重、轻工业增加比例，第二产业用电量占比、第三产业用电量占比、居民用电量占比、万元 GDP 能耗、出口额作为主要影响因素（见图 2-2）。

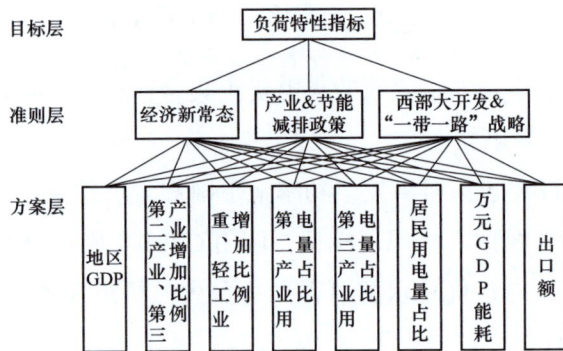

图 2-2　负荷特性指标的影响因素

运用 2009～2020 年历史用电数据及相关影响因素数据，PLS 回归得2021～2030 年全社会用电量的回归方程通式为

$$y = a_0 + a_1 x_1 + a_2 x_2 + a_3 x_3 + a_4 x_4 + a_5 x_5 + a_6 x_6 + a_7 x_7 + a_8 x_8 \qquad (2-50)$$

式中：x_i 为第 i 个影响因素的实际数据；a_i 为第 i 个影响因素的影响敏感度，通过 GV+PLS 模型回归得到。

针对该西部省份，由于供给侧改革、产业结构调整、节能减排等政策的深入推进，未来的电力负荷将逐渐改变第二产业较为突出的局面，三产和居民用电将逐渐成为负荷提升的新动力。同时，在第二产业内部，目前正在逐步淘汰低产能企业，着力发展轻工业和高端创新产业。

2.2 网架形态与规划关键技术

2.2.1 电网特征形态及运行方式提取与建模技术

2.2.1.1 运行大数据筛选及特征提取技术

（1）研究电网调度运行数据特征提取方法。选用 Z-Score 标准化方法进行新能源出力标准化，实现风电和光伏运行数据特征提取。针对 N 个新能源电站，每个新能源电站由 T 个出力时段构成一条出力曲线，即新能源场站数据集为 $\{p_{ti}\}_{T \times N}$。设处理后的数据集为：$\{p_{ti}\}_{T \times N}$，经 Z-Score 标准化的新能源电站出力 p'_{ti} 的表达式为

$$p'_{ti} = \frac{p_{ti} - \mu_i}{\delta_i} \qquad (2-51)$$

其中，μ_i 为第 i 个新能源场站出力的均值，计算式为

$$\mu_i = \sum_{t=1}^{T} p_{ti} / T \qquad (2-52)$$

δ_i 为第 i 个新能源场站出力的标准差，计算式为

$$\delta_i = \sqrt{\sum_{t=1}^{T} (p_{ti} - \mu_i)^2 / T} \qquad (2-53)$$

（2）电力系统运行数据降维方法。在运行方式生成过程中，拟采用聚类算法对新能源进行分区，并使用各区的总新能源曲线代表该新能源区域的出力曲线。假设同一新能源区域内新能源同时率相同，数值差异仅体现在装机规模上。

首先，输入 N_1 个光伏电站的曲线，并对这些曲线进行标准化；其次，使用标准化曲线，指定聚类数为 2，进行 K-means 聚类，计算聚类结果的轮廓系数，重复该过程，直到聚类数为 $\sqrt{N_1}$，取轮廓系数最大的聚类数为最佳分区数，并取对应的聚类结果为最佳光伏分区结果；最后以同样的方法对风电场进行分区聚类分析。新能源分区流程图如图 2-3 所示。

光伏曲线 → 风电曲线

曲线聚类

计算轮廓系数

取轮廓系数最大
的分类结果

聚合同类新能源

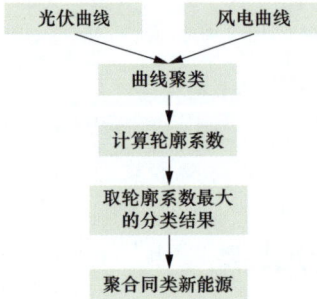

图 2-3　新能源分区流程图

以某省级电网 2020 年数据为例,通过上述计算过程,可初步将该省级电网 2020 年数据中 245 个新能源场站降维聚类为 12 个出力特性相似的区域,降低了运行方式分析难度。

2.2.1.2　电力系统典型与极端运行方式提取

（1）典型 / 极端运行方式提取方法。确定典型、极端运行方式判别标准为,结合使用聚类算法及专家经验,采用新能源总出力作为极端运行方式判别标准。把新能源出力进行排序,按 95% 置信度标准提取新能源出力最大 / 最小前 2.5% 的场景作为极端场景,余下的作为常规场景。

1）K-means 聚类算法。聚类算法具体流程为:对于 T 个已经预处理好的聚类样本,每个聚类样本的维度为 M,即预处理后的数据集为 $\{q_{it}\}_{T \times N}$,以及指定的聚类中心数 k,聚类算法流程为:

a. 初始化 k 个聚类中心。可随机在选取 k 个样本作中心,也可按一定规则选取。

b. 样本归类。先计算各样本 $q_t = \{q_{tj}\}_{j=1}^{N}(t=1,\cdots,T)$ 到聚类中心 $w_l = \{q_{lj}\}_{l=1}^{N}$ $(t=1,\cdots,T)$ 的距离,即

$$|q_t - w_l| = \sqrt{\sum_{j=1}^{N}(q_{tj} - w_{lj})^2} \qquad (2-54)$$

将 q_t 分配给最近的类中心 $w_m(m=1,\cdots,k)$ 所属的类 C_j,即 $|q_t - w_l| > |q_t - w_m|(l=1,\cdots,k,l \neq j)$,则令 $t \in C_m$,由于聚类集合 C_m 加入了新的样本,此时样本中心发生了变化,故需要更新聚类集合 C_j 的样本中心 w'_j,即

$$w'_{mj} = \frac{1}{|C_m|}\sum_{t \in C_m} q_{tj} \qquad (2-55)$$

c. 判别算法收敛。对于样本较少的情况,一般迭代到一定程度所有类别元素不再变化,则此时可判定为算法收敛,对于样本较多的情况,往往需要使用准则函数 E 来判断是否收敛,当两次迭代的准则函数变化小于一定容忍度,则可以视为聚类收敛,准则函数计算式为

$$E = \sum_{j=1}^{k} \sum_{l \in C_j} |q_l - w_j| \qquad (2\text{-}56)$$

式中：E 为准则函数；j 表示第 j 个聚类中心；$l \in C_j$ 表示聚类集合 C_j 中的样本 q_l；$|q_l - w_j|$ 表示聚类集合 C_j 中样本 q_l 与样本中心 w_j 的距离。

2）确定最佳运行方式数。采用轮廓系数法判别最佳聚类数，流程为，假定对于 T 个电网运行状态断面 $\{p_{ti}\}_{t=1}^{T} (i = 1, \cdots, N)$，每个运行状态维度为 N，分别指定聚类数 $2 \sim \sqrt{T}$，使用 K-means 算法进行电网运行状态聚类，分别计算不同聚类数对应的轮廓系数，选取轮廓系数最大对应的聚类数作为最佳聚类数 k，其核心思想为最大化不同类别的不相似度，同时最小化同一类别的不相似度，即

$$k = \arg\min_{i}\{S_i\} \qquad (2\text{-}57)$$

其中，$S_i (i = 2, \cdots, \sqrt{T})$ 为聚类数为 i 时对应的轮廓系数，计算方法为

$$S_i = \frac{1}{T} \sum_{t=1}^{T} \frac{b_i(t) - a_i(t)}{\max\{a_i(t), b_i(t)\}} \qquad (2\text{-}58)$$

其中，$a_i(t)$ 表示聚类数为 i 时第 t 个电网运行状态到同簇其他状态的平均距离，即同簇不相似度。设样本 t 属于类别 C_m，$a_i(t)$ 计算式为

$$a_i(t) = \sqrt{\frac{1}{|C_m| - 1} \sum_{l \in C_m} |p_l - p_t|^2} \qquad (2\text{-}59)$$

若该类只有一个样本，则取 $a_i(t) = 0$。

$b_i(t)$ 表示聚类数为 i 时第 t 个电网运行状态到不同簇样本的最小平均距离，即不同簇不相似度。设样本 t 属于类别 C_m，还有其他类别 $C_1, \cdots, C_{m-1}$，$C_{m+1}, \cdots, C_i$，则 $b_i(t)$ 计算式为

$$b_i(t) = \min_{j}\left\{\sqrt{\frac{1}{|C_j|} \sum_{l \in C_j} |p_l - p_t|^2}\right\} \qquad (2\text{-}60)$$

（2）典型/极端运行方式的概率建模技术。

1）规划年运行场景重构。规划年运行场景重构流程图如图 2-4 所示。

由于面向规划决策，而分析样本采用的是历史年数据。因此，需要根据历史年推算规划年的运行数据，设某省级电网规划年风电、光伏、负荷、新

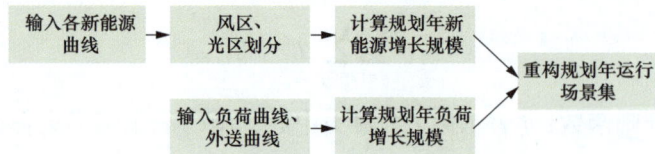

图 2-4 规划年运行场景重构流程图

增外送规模和典型曲线已知，则规划年的第 t 个时段的运行向量 r_t 可表示为

$$r_t = \{r_{ti}\}_{t=1}^N = \{k_i p_{ti}\}_{t=1}^N (t-1, \cdots, T)$$

p_t 为该省级电网已有运行数据第 t 个时段的运行向量，可表示为

$$p_t = \{p_{ti}\}_{i=1}^N$$

式中：N 为运行状态量的维度；k_i 为各运行向量第 i 个维度的状态量在规划年相较运行年的增长倍数。定义运行向量包括各风区出力 w_i $(i=1, \cdots, N_{wind})$、光区出力 s_i $(i=1, \cdots, N_{solar})$、全网总负荷 L、该省级电网两根直流外送线出力 l_1 和 l_2、新增第三回直流 l_3 与两根交流外送线出力 l_4、l_5，即定义运行状态量为 p_t，可表示为

$$p_t = (w_1, \cdots, w_{N_{wind}}, s_1, \cdots, s_{N_{solar}}, l_1, l_2, l_3, l_4, l_5, L)_t \qquad （2-61）$$

其中，根据光区和风区的聚类结果，各风区、光区出力由区内的新能源处理和表示，设共有风电场和光伏电站 N_w 和 N_s 个，则时段 t 第 i $(i=1, \cdots, N_w)$ 个风电厂出力和第 j $(j=1, \cdots, N_s)$ 个光伏电站的出力分别为 p_{it} 和 p_{jt}，且分别属于第 l $(l=1, \cdots, N_{wind})$ 个风区 C_l 和第 m $(m=N_{wind}+1, \cdots, N_{solar})$ 个光区 C_m，则第 l 个风区出力和第 m 个光区出力分别为

$$w_{lt} = \sum_{i \in C_l} p_{it} \qquad （2-62）$$

$$s_{mt} = \sum_{j \in C_m} p_{jt} \qquad （2-63）$$

2）规划年运行方式提取与概率建模。规划年运行方式提取与概率建模流程如图 2-5 所示。

具体流程为：输入上一节得到的规划年运行场景集 $\{r_{ti}\}_{T \times N}$，按典型与极端判别标准划分场景集 $\{r_{ti}\}_{T_1 \times N}$ 与 $\{r_{ti}\}_{T_2 \times N}$，其中 T_1 与 T_2 分别为典型和极端场景集的运行状态数。本节除了选择数据分割方法为风光和排序后前 2.5% 和后 2.5% 的场景作为极端场景集合，剩余部分为常规场景集，分别使用轮廓系数法确定典型场景和极端场景的最佳运行方式数 k_1、k_2，运行方式的选择方法为每个聚类的聚类中心 w_i ($i=1, 2, \cdots, k_1+k_2$)，运行方式概率即为该聚类集合 C_1 在总样本 T 中的占比。

基于上述方法，可生成 2025 年规划年 8 个典型及 3 个极端运行方式，能够充分表征规划年任一地区任一时间点电网运行场景。同时，本节运行方式提取与概率建模技术可对季节、月份、小时维度的各类风电、光伏出力特性及负荷水平进行表征。

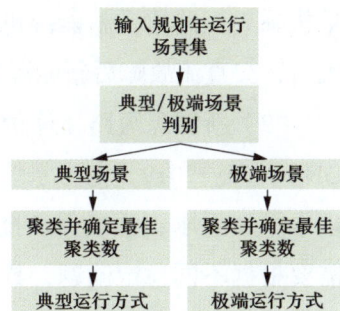

图 2-5　规划年运行方式提取与概率建模

2.2.2　高比例新能源系统网架形态和规划技术

2.2.2.1　高比例新能源下电网安全稳定运行评价指标体系

（1）基于新能源短路比的高比例新能源电力系统安全性评价指标。

等效新能源短路比（equivalent short circuit ratio，ESCR）定义为

$$ESCR_i = \frac{S_i}{P_i + \sum_{j=1, j\neq i}^{n} (P_j \times IF_{ij})} \qquad (2-64)$$

$$IF_{ji} = \left| \frac{Z_{ij}}{Z_{ii}} \right|$$

式中：S_i 为新能源并网点短路容量；P_i 为新能源场站 i 的出力；IF_{ji} 为考虑新能源场站 j 对新能源场站 i 的影响后的功率折算因子；Z_{ij} 为新能源场站 j 与新能源场站 i 之间的等值阻抗；Z_{ii} 为新能源场站 i 与主网系统侧之间的等值阻抗。

新能源多场站短路比一般按照新能源场站（35kV）为并网点进行计算。在规划阶段，新能源多场站短路比以汇集站为并网点进行计算。以 330/220kV 为并网点的新能源多场站短路比，定义为新能源汇集站短路比。图 2-6 为规划/运行阶段新能源汇集站各电压等级。

新能源短路比大小与相关运行特性密切相关，当新能源机端短路比小于

单机临界短路比，新能源机组或者集群振荡失稳。当新能源汇集站短路比较大时，交直流故障后新能源基本无暂态过电压。

（2）新能源短路比评价指标对高比例新能源系统安全运行的影响。根据GB 38755—2019《电力系统安全稳定导则》中"新能源场站短路比应达到合理水平"要求，为确保新能源集群安全稳定运行，结合大量算例分析结果，需要根据不同稳定问题，具体明确新能源场站短路比的合理水平，为规划和

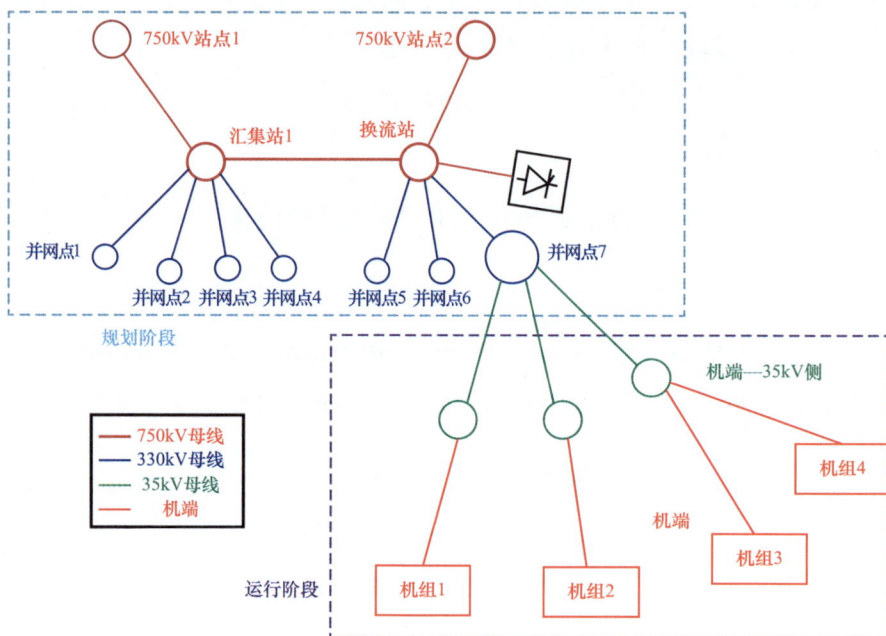

图2-6 规划/运行阶段新能源汇集站各电压等级

运行阶段提供指导意义。

为了避免新能源振荡脱网，新能源接入方式和接入规模明确时，新能源机端短路比不能低于1.5；新能源接入方式和接入规模不明确时，考虑到机端短路比与汇集站短路比存在一定数值关系，至少要求新能源汇集站短路比不能低于2.5。

结合仿真算例，采取新能源汇集站短路比对新能源接入交流系统强弱的原则进行划分，可分为极弱系统（$ESCR<2$）、弱系统（$2 \leqslant ESCR<3$）以及强系统（$ESCR \geqslant 3$）。其中极弱系统大概率存在暂态过电压问题，要采取相应措施；弱系统可能存在暂态过电压问题，需要引起关注；强系统一般不会有

暂态过电压问题。

（3）基于运行数据的关键安全约束提取方法。从 EMS 系统中提取出运行数据，根据潮流重载率、电压越限、新能源短路比超标等指标筛选关键线路和节点，分析关键线路潮流、关键节点电压、新能源短路比等，与新能源出力、负荷、外送、检修等特征数据之间相关性，并拟合数据间的函数关系，提取出关键安全约束，并用于网架规划问题。具体的实施过程如图 2-7 所示。

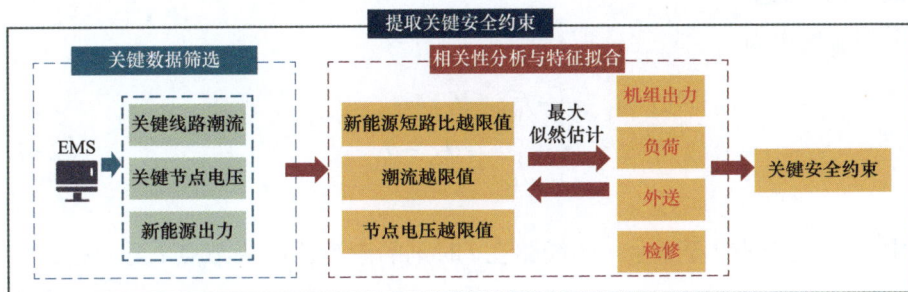

图 2-7　基于运行数据的关键安全约束提取流程

（4）运行模拟模型设计。通过系统有功潮流的变化，总结影响网架的相关安全约束，基于最优潮流思想，运行模拟模型目标函数为火电机组的运行成本最低，并考虑直流潮流约束、各机组出力约束、储能约束以及功率平衡约束。运行模拟模型目标函数为

$$\min \sum_{t=1}^{T} \sum_{g=1}^{G} (a_g P_t^g + b_g) \qquad (2-65)$$

式中：P_t^g 为火电机组的出力；a_g、b_g 分别为火电机组的成本系数，为了计算简便，假设火电机组的燃料成本为机组出力的一次函数。

火电机组出力上下限以及爬坡约束为

$$P_{\min}^g \leqslant P_t^g \leqslant P_{\max}^g \qquad (2-66)$$

$$-R_{\max}^g \leqslant P_t^g - P_{t-1}^g \leqslant R_{\max}^g \qquad (2-67)$$

式中：$P_{\min}^g$、$P_{\max}^g$ 分别为火电机组 g 出力的下限和上限；$R_{\max}^g$ 为火电机组 g 在 t 时刻的最大爬坡功率。

储能约束为

$$E_t^{st} = E_{t-1}^{st} + \eta^{ch} E_t^{ch} - E_t^{di} / \eta^{di} \qquad (2-68)$$

$$E_1^{st} = E_T^{st} \qquad (2-69)$$

$$0 \leqslant E_t^{st} \leqslant E_t^{st,\,max} \qquad (2-70)$$

$$0 \leqslant E_t^{ch} \leqslant E_t^{ch,\,max} \qquad (2-71)$$

式中：E_t^{st} 为储能机组 st 在 t 时刻的电量；E_t^{ch}、E_t^{di} 分别为储能机组 st 在 t 时刻的充电电量、放电电量；η^{ch}、η^{di} 分别为储能机组 st 的充电效率、放电效率；$E_t^{st,max}$ 为储能机组 st 在 t 时刻的最大电量；$E_t^{ch,max}$ 为储能机组 st 在 t 时刻的最大充电电量。

潮流约束为

$$\begin{cases} -f_{max} \leqslant f_{t,\,ij} \leqslant f_{max} \\ f_{t,\,ij} = \dfrac{\theta_{t,\,i} - \theta_{t,\,j}}{x_{ij}} \end{cases} \qquad (2-72)$$

式中：$f_{t,ij}$ 为节点 i 至节点 j 的线路在 t 时刻的潮流；x_{ij} 为节点 i 至节点 j 的等效电抗；$\theta_{t,i}$、$\theta_{t,j}$ 分别为节点 i、节点 j 在 t 时刻的相角；f_{max} 为节点 i 至节点 j 的线路潮流的上限。

系统平衡方程约束为

$$-M^g P_t^g - M^w P_t^w - M^s P_t^s + M^f f_t + M^e (E_t^{ch} - E_t^{di}) + M^o P_t^o + M^l L_t = 0 \qquad (2-73)$$

式中：P_t^w、P_t^s、f_t、P_t^o、L_t 分别为 t 节点处的风电机组 w 出力、光伏机组 s 出力、联络线负荷、直流系统 o 外送负荷、变电站实际负荷；M^g、M^w、M^s、M^f、M^e、M^o、M^l 分别为火电机组、风电机组、光伏机组、联络线负荷、储能系统负荷、直流系统外送负荷、变电站实际负荷与节点的连接矩阵。

（5）基于数据处理技术的该省级电网关键安全约束归纳研究。

通过运行模拟的潮流结果，设某一时刻线路的疑似越限率 k_1 为

$$k_1 = \left| \frac{f_1}{f_{max}} \right| \qquad (2-74)$$

考虑系统安全运行时线路潮流 f_1 留有最大载流能力 f_{max} 的 20% 裕度，即当 $k_1 \leqslant 0.8$ 时系统处于安全运行状态。结合运行模拟结果以及疑似越限率指标，得到某省级电网 2030 年全年不同季节运行时疑似越限线路的统计结果（见图 2-8）。

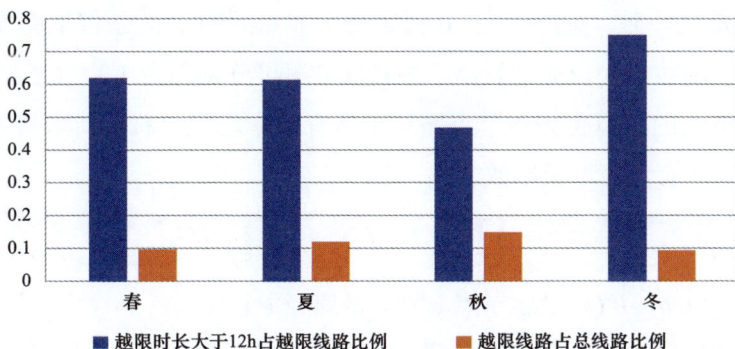

图 2-8　线路疑似越限统计结果

从图 2-8 中可以看出，各个季节线路越限的概率基本在 10% 左右，其中秋季越限概率最高，其次是夏季，而春季和冬季大致持平。同时，冬季时越限时间超过 12h 的线路占比最多，秋季最少，春季和夏季大致持平，约为 60%。总体来说，当未来新能源高比例接入时，若以该省级电网 2025 年网架为基础，很难保证在一年中任何时刻电网都安全运行，存在一定概率线路潮流越限的可能，所以网架约束为该省级电网规划的关键安全约束。

2.2.2.2　考虑多种因素的电网源网荷储多维度系统发展模型

（1）模型运行与规划约束。系统规划模型是在满足电网电力电量平衡、潮流约束、常规和新能源机组及其他灵活性资源运行条件的前提下，优化设备投资、系统运行成本，从而给出适应未来负荷增长，新能源占比目标的系统投资方案。设备投资成本包括线路架设成本、常规和新能源机组投建成本、储能建设成本以及需求侧响应新增成本。运行成本包括机组、储能运维成本，需求侧响应调用成本，还应包括切负荷、新能源弃用成本。

系统演化模型种运行约束包括节点平衡约束、节点电压相角约束、常规机组出力约束、线路潮流约束、储能充放电约束、需求侧响应调用约束以及投资决策逻辑约束等。

（2）演化模型场景树与决策树建立方法。场景树 T 为不确定场景的集合，场景树中每个节点 n 称为一个现实，$y(n)$、$t(n)$ 和 $a(n)$ 分别定义为现实 n 对应年份、阶段以及现实 n 的父节点（此处的节点区别于上文提到的电力系统中的实际电能交汇节点，是可能发生的现实）。$P(n)$ 定义为根节点 1 到节点 n 的路径。更一般的，最后一个阶段的节点对应路径称为一个场景，与随机规划中场景定义一致。p_{nm}、LG_{nm} 分别定义为节点 n 到 m 的条件概率及其对应的负荷增长因数，如负荷增长高、中和低方案可分别设为 1.3、1.2 和 1.1，因此，某个节点的总概率为该节点路径上所有概率之积，总负荷增长 LG_n 为该节点路径上所有负荷增长因数之积，即

$$p_n = \prod_{(a,b)\in P(n)} q_{ab}, \quad LG_n = \prod_{(a,b)\in P(n)} LG_{ab} \qquad (2-75)$$

其中，$(a,b)\in P(n)$ 表示节点 a 到 b 的路径 $P(n)$。

常规多阶段随机规划模型并没有考虑树状决策方案，故同一阶段不同负荷增长情况只能共用一个决策增长方案，而场景树的定义场景方法可适应不同负荷增长方案，适用范围更广，决策更灵活。系统发展方案如图 2-9 所示，可见该模型可应对同一阶段不同负荷增长方案做出灵活决策，而常规模型只能根据未来所有场景做出一个较不灵活的平均方案。

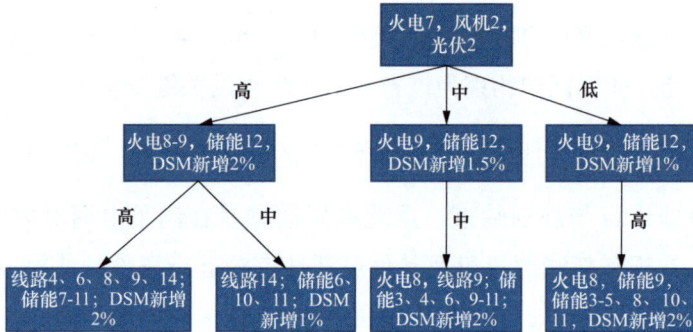

图 2-9　系统演化路线（局部）

常规模型包括传统多场景模型，无储能新增、无需求侧响应、无线路新增、无机组新增等模型；本节运行模拟模型考虑约束更为全面，其负荷边界条件设定为最后一阶段的负荷高方案。由运行模拟结果进行比较，本节运行模拟模型比常规模型更具有优越性，所得规划方案在典型日和非典型日运行模拟下的失负荷量和新能源弃电量均比常规模型低，能更灵活地适应未来负荷、新能源短期波动情况。

2.2.2.3　未来新能源高比例下的省级电网结构形态演化与拓扑薄弱环节辨识

通过建立基于多场景考虑系统安全性的自适应三层鲁棒输电网规划模型

（以下简称三层规划模型），模拟规划未来不同新能源比例下电网的结构，可作为省级电网未来网架形态演化路线的模型基础。

模型以电网规划评价指标体系中的电网投资成本、运行成本、可靠性指标（如缺切负荷）等作为目标函数，实现考虑不同比例下新能源集中接入的网架结构优化。三层规划模型中，上层模型着重解决确实性运行方式下的输电网规划投资决策问题，中层模型考虑电网不同的 $N-k$ 故障下的优化方案，下层模型则解决不同运行方式下、不同投资决策和不同的 $N-k$ 故障下的网架安全校验问题。上层、中层、下层问题相互影响，上层问题决定下层问题所针对的网架方案，下层问题反映上层方案对不同运行方式下的承受能力。

（1）上层规划模型。上层目标函数为

$$\min_{\Delta D^{wc}, \theta_b, f_l, p_i, v_l} \sum_{i \in I} C_i^P(p_i) + \sum_{l \in L^C} C_l v_l + C^I \Delta D^{wc} \qquad (2-76)$$

上层规划结果为线路均处于正常运行状态时电网满足所有负荷的规划方案，须满足的约束条件包括：功率平衡约束、节点电压相角约束、常规机组出力约束、已有线路潮流约束、扩展线路潮流约束，即

$$\sum_{i \in I_b} p_i + \sum_{i \in I_b^{re}} r_i + \sum_{l \in (L \cup L^C)|to(l)=b} f_l - \sum_{l \in (L \cup L^C)|fr(l)=b} f_l = D_b, \quad \forall b \in N \qquad (2-77)$$

$$f_l = \frac{1}{x_l}(\theta_{fr(l)} - \theta_{to(l)}), \forall l \in L \qquad (2-78)$$

$$-M_l(1-v_l) \leqslant f_l - \frac{1}{x_l}(\theta_{fr(l)} - \theta_{to(l)}) \leqslant M_l(1-v_l), \quad \forall l \in L^C \qquad (2-79)$$

$$-\overline{f_l} \leqslant f_l \leqslant \overline{f_l}, \quad \forall l \in L \qquad (2-80)$$

$$-v_l \overline{f_l} \leqslant f_l \leqslant v_l \overline{f_l}, \quad \forall l \in L^C \qquad (2-81)$$

$$r_i = \overline{r_i} - r_i^s, \quad \forall i \in I_b^{rc} \qquad (2-82)$$

$$0 \leqslant r_i^s \leqslant \overline{r_i}, \quad \forall i \in I_b^{rc} \qquad (2-83)$$

$$0 \leqslant p_i \leqslant \overline{p_i}, \quad \forall i \in I \qquad (2-84)$$

式中：$C_i^P(\cdot)$、C_l、C^I 分别表示机组成本函数、线路投资单价和削负荷成本；v_l 为 0-1 整数变量，代表线路 l 是否扩建，"1" 代表扩建，反之为 "0"，ΔD^{wc} 表示所有 $N-k$ 事故下的最大失负荷；N 表示所有节点的集合，I 为常规机组集合，I_b^{re} 代表新能源机组集合；L 表示所有原有线路的集合；L^C 表示待扩建线路集合；p_i、$\overline{p_i}$ 分别表示节点 i 处常规机组的实际出力、出力上限；D_b 为

节点 b 的负荷；$\overline{r}_i$、r_i、r_i^s 分别表示节点 i 处的新能源机组预测出力、实际出力和新能源弃电电力；f_l、θ_b 分别为线路 l 的潮流、节点 b 的电压相角，$\overline{f}_l$ 表示线路 l 潮流的上限；$fr(l)$、$to(l)$ 分别表示线路 l 的始、末端，$\theta_{fr(l)}$、$\theta_{to(l)}$ 分别为线路 l 的始端节点和末端节点的电压相角；x_l 为线路电抗；M_l 为一个较大的正数。

（2）中层故障选择模型。中层的故障选择模型用于校验上层所得的规划方案在不确定的 $N-K$ 事故下系统承受能力。每次评估取所有 $N-K$ 方案中最严重的事故，即失负荷量的最大值作为评价指标，故中层目标函数为

$$\Delta D^{\mathrm{wc}} = \max_{\delta,\, a_i^G,\, a_l^L} \delta \tag{2-85}$$

故障选择满足故障切除元件不超过 K，故有约束

$$\sum_{i \in I} a_i^G + \sum_{l \in (L \cup L^C)} a_l^L \geqslant |I| + |L| + |L^C| - K \tag{2-86}$$

式中：δ 为 $N-K$ 事故中的失负荷量，a_i^G、a_l^L 为 0–1 整数变量；分别表示节点 i 处的发电机和线路 l 是否投切，若变量最终取 0 表示该元件因故障被切除，取 1 表示该元件不切除；$|\cdot|$ 计算集合元素个数函数，其中 $|I|$、$|L|$、$|L^C|$ 分别为常规机组集合、新能源机组集合、所有原有线路集合的元素个数；K 表示故障元件个数。

（3）下层运行模型。下层运行模型用于计算给定网架决策、给定切除元件下的最小失负荷，故每次评估均以系统最小切负荷为目标，即

$$\delta = \min_{\Delta D_b^{\mathrm{w}},\, \theta_b^{\mathrm{w}},\, f_l^{\mathrm{w}},\, p_i^{\mathrm{w}},\, r_i^{\mathrm{w}}} \sum_{b \in N} \Delta D_b^{\mathrm{w}} \tag{2-87}$$

满足的约束与上层常规运行所考虑约束类似，包括 $N-K$ 状态下的功率平衡约束、节点电压相角约束、常规机组约束、新能源弃电约束、节点失负荷约束、已有线路潮流约束以及拓展线路潮流约束。

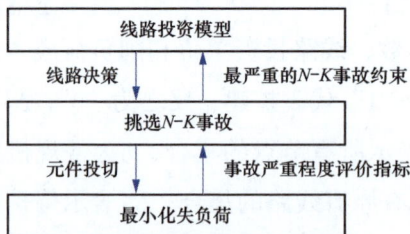

图 2-10　各层模型的信息传递

（4）上、中、下层之间的信息传递关系。各层模型的信息传递如图 2-10 所示。

上层采用确定的电网规划模型生成备选规划方案，传递到中层，中层在给定网架规划方案下给出不同的 $N-K$ 校

验方案，并统一传递到下层，下层考虑运行方式的不确定性，以最小切负荷为目标，对备选方案进行安全校验，并将目标值反馈到中层目标值中，直至中层结合事故严重程度指标选出最严重的 $N-K$ 事故，统一将选定最严重事故及其投切方式反馈到上层约束中，上层继续优化得到新的规划方案。重复迭代至上、中两层的切负荷量插值小于给定值。说明模型备选方案能够在该方案下抵御所有 $N-K$ 事故，或任意 $N-K$ 事故所造成的失负荷损失不超过既定值（如全年总负荷的 5%、10%），同时该方案为技术经济综合效益最优方案。

2.3 储能优化配置技术

2.3.1 储能技术特点

目前，大规模储能技术应用水平与电力系统的巨大需求之间还存在较大差距。适合新能源接入应用的储能技术主要是抽水蓄能、压缩空气储能和电化学储能，性能比较如表 2-1 所示。

表 2-1　　　　　　　储能技术性能比较

分类	储能技术	优势	劣势	应用领域
机械类储能	抽水储能	寿命长、容量大	场地特殊要求	电力系统调峰调频
	飞轮储能	寿命长、功率密度大	能量密度低	UPS 不间断供电
电磁储能	超级电容器储能	寿命长、功率密度大	能量密度低、单体容量小	军用领域、UPS 不间断供电、轨道交通
	超导储能	寿命长、功率密度大	能量密度低、技术不成熟	无
电化学类储能	铅酸电池	技术成熟、价格低	寿命短	通信系统、电动车、微电网
	锂电池	高的能量和功率密度、能量转换效率	造价高、大量使用需要安全维护	电力系统储能站、航空航天、军用领域、电动车、电子设备、微电网
	钠硫电池	高的能量和功率密度、能量转换效率	价格高、技术不成熟、需特殊防护	电力系统储能站（国外）
	全帆液电池	循环次数多、能量转换效率高、	能量密度低、体积较大	（主要国外应用）与分布云；由偏远地区供电

分类	储能技术	优势	劣势	应用领域
热储能	热储能	成本低、存期长、应用广、环保好	场地特殊要求	可再生能源发电
化学类储能	化学类储能	能量大、存期长	全周期效率低	分布式发电和微电网

如表 2-2 所示，铅炭电池、液流电池、钠硫电池、锂离子电池等电化学储能具备良好的动态响应性能，响应速度均为毫秒级，这四种储能电池组成的储能电站均能做到兆瓦级。从技术性能上来说，上述四种电化学储能技术均具备大规模应用的可能。

表 2-2 　　　　　　　　　　　电化学储能技术动态响应特性比较

储能方式	输出功率（MW）	放电持续时间	响应时间
铅炭电池	0～50	数秒至数小时	>20ms
液流电池	0.03～3	数秒至 10h	20ms 至数秒
钠硫电池	0.05～8	数秒至数小时	20ms 至数秒
锂离子电池	0～50	数秒至数小时	超过 10ms

在保证技术性能的同时，电化学储能系统应追求最经济的运行方式，表 2-3 中几种储能技术的经济指标，可以发现差异也比较明显。

表 2-3 　　　　　　　　　　　电化学储能技术的经济性对比

储能方式	能量密度（kJ/L）	功率密度（kW/L）	自放电	能量效率	成本（元/kWh）	循环寿命（万次）
铅炭电池	3.0～4.8	0.01～0.40	0.1%～0.3%	0.65	300～600	0.1
液流电池	0.96～1.98	无	很低	0.7～0.85	4500～6000	1.4
钠硫电池	9～15	无	20%	0.75～0.86	2000～2500	0.25
锂离子电池	160	500	2.5%	0.90	1000～1500	0.45

影响储能系统的经济性指标既包括制造成本、占地面积、运行维护成本、寿命，也要考虑储能效率、自放电特性等。由表 2-3 可见，电池类储能中锂

离子电池以及铅炭电池的经济性较好，而且技术也较为成熟，应用比较广泛。

2.3.2 储能配置原则

2.3.2.1 储能配置原则总体思路

（1）统筹规划、多元发展。强化规划科学引领作用，按照源、网、荷、储不同需求，探索储能多元化发展模式，统筹储能发展各项工作。

（2）规范管理、保障安全。完善优化储能项目管理程序，推动系统设计、设备制造、系统并网、运行维护和安装调试等方面标准准则体系建设。提升电化学储能电站等行业建设安全运行水平。

（3）按需配置、合理布局。储能规划应以需求为导向，遵循技术可行、安全可靠、经济合理、绿色环保的原则，根据系统需求，统筹考虑断面约束、限电情况等因素，科学合理开展储能设施建设。

（4）统一调度、目标优先。对共享储能实行中调统一调度管理，可分场景、分目标实行储能优先调度。

（5）满足目标、效益最高。加快完善政策机制，加大政策支持力度，鼓励储能投资建设。储能建设应与新能源和传统电源协调发展，尽量不超规模建设，保证总投资最少、收益最高。在经济性相差不大时、技术难度相近，尽量选取瘦高型的储能，即短时长 / 高功率储能。

2.3.2.2 直流近区储能配置原则

为保证外送通道的充分合理利用，按照如下原则对重点通道送端基地的配套电源进行优化配置。

（1）按照《关于推进电力源网荷储一体化和多能互补发展的指导意见》，对于增量基地化开发外送项目，外送输电通道可再生能源电量比例原则上不低于50%。

（2）考虑送端新能源实际资源情况，合理安排风电、光伏装机规模及配比。

（3）充分发挥配套煤电机组、储能装置对于新能源调峰能力。

（4）配套电源尽可能满足直流全年外送电量的需求，减少对主网的依赖。

（5）送端基地的新能源整体弃电率控制在合理范围内。

2.3.2.3　主网储能配置原则

（1）主网储能容量配置应达到 95% 新能源利用率以满足考核要求，电力可靠供应，尽量使电力缺口及缺电时长降为零。

（2）充分发挥煤电机组的调峰能力后，再考虑储能装置的调峰能力。

（3）应结合煤电的灵活性改造能力，根据电源、电网建设进度，合理安排建设时序。

2.3.3　考虑储能投资成本的分区储能容量配置优化技术

"十四五"期间各省级电网新能源发展迅速，新增负荷较少，难以满足新能源消纳需求；且现有的调峰资源仍以火电机组为主，机组启停方式安排对新能源消纳影响巨大，采用时序生产模拟仿真方法可对电网实际运行情况模拟（包括每日机组启停及备用、供热机组最小方式、机组电量约束、断面输送能力、联络线调整等），能够获得逐时段新能源消纳特征和指标，为储能容量需求分析奠定基础。因此基于时序生产模拟的储能容量配置建模方法是分析省级电网可配置储能容量大小的最佳选择。

传统的基于线性优化算法的时序生产模拟方法计算效率低下，难以考虑实际网络约束，在大电网中进行应用时需要对网络规模进行大量简化，准确性和适用性较差。通过基于启发式算法的迭代计算流程，能够实现多种算法的协调运行，采用包含检修计划的等备用容量法、启发式机组组合和出力安排算法、跨区联络线运行特性模拟算法、网络直流潮流计算及越限处理优化算法等，计算效率高；可支持万节点级实际电网算例，西北某省级电网的计算时间为数十秒至分钟级。

多区域互联系统联络线交换协调算法框架如图 2-11 所示。

按照分区平衡优先策略，分区之间交换尽量小的原则，基于启发式算法的多分区生产模拟程序的主要流程，包括以下主要部分：

（1）各分区机组检修计划安排。

（2）各分区负荷曲线、负荷备用、事故备用容量、直流外送，并按照新能源出力预测可信度叠加到负荷曲线，形成各分区综合负荷曲线。

（3）按照各分区综合负荷曲线进行核电、水电、抽水蓄能、储能、火电、气电等开机安排，开机不足量即为需要跨分区支援的火电开机容量，开机冗余量则为可提供跨区支援的能力。

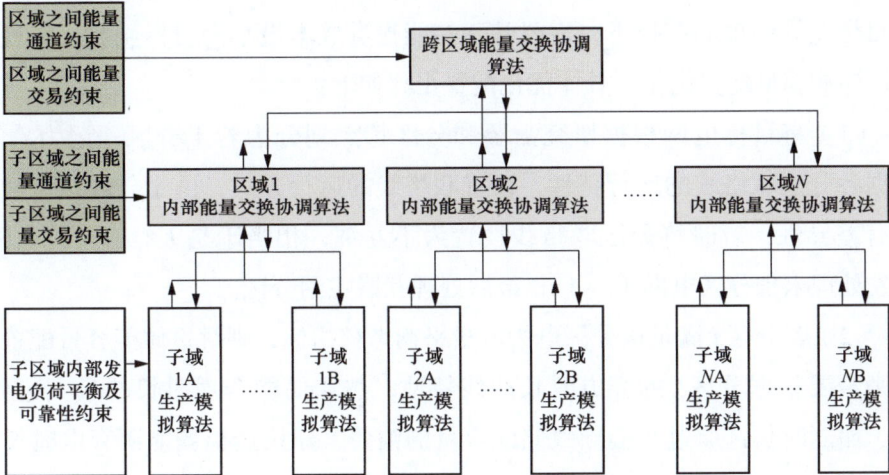

图 2-11　多区域互联系统联络线交换协调算法框架

（4）全系统火电备用开机协调，按照就近支援原则（按照联络线损耗最小优化）采用机组动态分区技术进行开机支援。通过步骤（3）（4）的开机安排，能够尽量保证全系统足够开机。若全系统开机不足，则程序停止，转到步骤（1）。

（5）各分区各类型机组出力安排，开机冗余量即为调峰不足量。根据需要跨分区互济的设定比例，全系统进行调峰互济。对于全系统仍不能调峰平衡的部分，则按照各分区的贡献进行分摊，产生弃电量。

（6）直流潮流计算交流线路、交流联络线功率。

（7）对于联络线越限情况进行分区机组出力调整；出力调整的优化目标为调整量平方和最小。

（8）对于进行出力调整的时刻，重新进行直流潮流计算交流联络线功率。

（9）输出模拟结果。

通过源、网、荷、储不同类型可调节资源的精细化生产时序模拟模型，以新能源优先消纳为目标，各分区（省）各自优先平衡；同时考虑新能源预测偏差参与电力平衡，考虑日最大负荷及备用需求确定常规电源开机；并且，当存在跨区互济需求时，能够就近寻找支援，并统计相应的弃电量和电力不足等数据。

由于各分区其自身资源特性、负荷特性等不同，对新能源利用率、新能源发电占比、电力缺口等评价指标的考核侧重点也不同，因此在考虑分区考核目标差异约束的前提下，需要基于储能投资成本最小为目标函数，实现各分区储能容量配置优化。具体优化配置步骤如下：

（1）将目标电网根据研究需要和分区特点划分为若干分区，记为 I 个，根据各分区联络线的运行特性，设置联络线的运行方式，由于分区优化目标具有差异性，暂时将分区联络线设置为不互济，相当于是 I 个独立的电网。优先处理末梢分区电网（$i=1$），最后处理互联主网分区。

（2）若分区 i 满足该分区电力电量平衡考核指标，则跳过储能容量配置；否则需要根据分区 i 的弃电时长曲线特性，选取储能合理时长的最大边界。由于储能时长选取过长会导致储能容量的浪费，建议选择新能源弃电时长累计概率占比为 50% 的时长，记为 $T_{ref, i, max}$，以图 2-12 为例，此时 $T_{ref, i, max}=5$。由于储能要实现同等新能源利用率时，储能配置时长变大，储能配置功率相应会减小，而所需储能的能量容量会增大，为了使得储能配置投资最小，储能配置时长范围选取在 $T_{ref, i}=\{2, \cdots, T_{ref, i, max}\}$，$j=1$，储能配置时长 $T_{ref, i, j}=2$。

（3）逐步增加储能功率，可根据 i 分区内新能源因调峰导致弃电的最大功率 $P_{cur, i, max}^{RES}$，设置每次调节档位设为 $\Delta P_{opt, i, j}^{BESS, DM}$，当下调第 x 次时，此时储能功率为

$$P_{opt, i, j, x}^{BESS} = x \cdot \Delta P_{opt, i, j}^{BESS, DM} \tag{2-88}$$

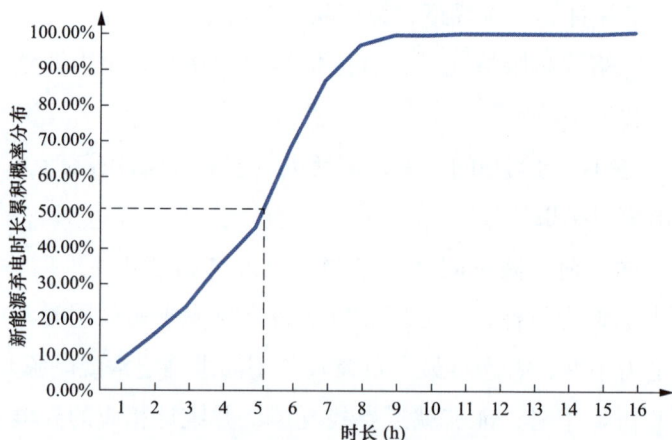

图 2-12 新能源弃电时长的累积概率分布图

（4）在生产模拟中计算该储能功率/时长组合下（$P_{\text{opt}, i, j, x}^{\text{BESS}}$，$T_{\text{ref}, i, j}$），新能源消纳电量为 $E_{\text{con}, i, j, x}^{\text{RES}}$，$t$ 时刻新能源实际并网功率为 $P_{\text{ongrid}, i, j, x, t}^{\text{RES}}$。

（5）i 分区内储能优化配置第 j 步的储能优化配置阶段各分区的考核评价指标。考核评价指标有新能源利用率、新能源发电占比、电力缺口、电力不足时长。

新能源利用率可表示为

$$R_{\text{eff}, i, j, x}^{\text{RES}} = E_{\text{con}, i, j, x}^{\text{RES}} / E_{\text{PRE}, i}^{\text{RES}} \qquad (2\text{-}89)$$

式中：$E_{\text{PRE}, i}^{\text{RES}}$ 为 i 分区新能源年发电量；$R_{\text{eff}, i, j, x}^{\text{RES}}$ 为在储能优化配置第 j 步的储能功率上调第 x 次时 i 分区的新能源利用率。

新能源发电量占比可表示为

$$E_{\text{total}, i, j, x} = E_{\text{PRE}, i}^{\text{RES}} + E_{\text{coal}, i, j, x} + E_{\text{gas}, i, j, x} + E_{\text{hydro}, i, j, x} \qquad (2\text{-}90)$$

$$R_{\text{ele}, i, j, x}^{\text{RES}} = E_{\text{con}, i, j, x}^{\text{RES}} / E_{\text{total}, i, j, x} \qquad (2\text{-}91)$$

式中：$E_{\text{total}, i, j, x}$、$E_{\text{coal}, i, j, x}$、$E_{\text{gas}, i, j, x}$、$E_{\text{hydro}, i, j, x}$ 分别为在储能优化配置第 j 步的储能功率上调第 x 次时 i 分区内所有电源总发电量、煤电机组总发电量、燃气机组总发电量、水电机组总发电量；$R_{\text{ele}, i, j, x}^{\text{RES}}$ 为在储能优化配置的第 j 步的储能功率上调第 x 次时 i 分区的新能源发电量占比。

电力缺口可表示为

$$P_{\text{surp}, i, j, x, t} = P_{\text{ongrid}, i, j, x, t}^{\text{RES}} + P_{\text{coal}, i, j, x, t} + P_{\text{gas}, i, j, x, t} +$$
$$P_{\text{hydro}, i, j, x, t} + P_{\text{BESS}, i, j, x, t} - P_{\text{load}, i, t} - P_{\text{out}, i, t} \qquad (2\text{-}92)$$
$$P_{\text{gap}, i, j, x} = \left| \min\{P_{\text{surp}, i, j, x, t} < 0\} \right|, t \in \{1, \cdots, 8760\}$$

式中：$P_{\text{ongrid}, i, j, x, t}^{\text{RES}}$、$P_{\text{coal}, i, j, x, t}$、$P_{\text{gas}, i, j, x, t}$、$P_{\text{hydro}, i, j, x, t}$、$P_{\text{BESS}, i, j, x, t}$ 分别为在储能优化配置第 j 步的储能功率上调第 x 次时 i 分区内新能源机组、煤电机组、燃气机组、水电机组、储能装置在 t 时刻的发电功率；$P_{\text{load}, i, t}$、$P_{\text{out}, i, t}$ 分别为 i 分区 t 时刻本地负荷和外送功率需求；$P_{\text{surp}, i, j, x, t}$、$P_{\text{gap}, i, j, x}$ 分别为在储能优化配置第 j 步的储能功率上调第 x 次时 i 分区内 t 时刻的电力盈亏值、电力缺口。

电力不足时长可表示为

$$T_{\text{loss}, i, j, x} = \sum_{t=1}^{8760} f(P_{\text{surp}, i, j, x, t}) \begin{cases} P_{\text{surp}, i, j, x, t} > 0 & f(P_{\text{surp}, i, j, x, t}) = 0 \\ P_{\text{surp}, i, j, x, t} < 0 & f(P_{\text{surp}, i, j, x, t}) = 1 \end{cases} \qquad (2\text{-}93)$$

式中：$T_{\text{loss}, i, j, x}$ 为在储能优化配置第 j 步的储能功率上调第 x 次时 i 分区的电力不足时长。

（6）i 分区内储能优化配置第 j 步的储能容量配置结果。若没有达到相关考核指标的要求，继续增大储能额定功率，即进行储能功率上调第 $x+1$ 次迭代，重复步骤（3）~（5）；若达到相关考核指标的要求时，储能最佳容量配置完成，此时输出储能最佳容量配置：即功率容量为 $P_{\text{opt},i,j,x}^{\text{BESS}}$、持续时长 $T_{\text{ref},i,j}$、能量容量为 $P_{\text{opt},i,j,x}^{\text{BESS}}$ $T_{\text{ref},i,j}$。

（7）i 分区内储能优化配置第 j 步的储能容量经济性配置结果

$$C_{\text{BESS},i,j} = aP_{\text{opt},i,j,x}^{\text{BESS}} + bP_{\text{opt},i,j,x}^{\text{BESS}}T_{\text{ref},i,j} \qquad (2-94)$$

式中：a 为储能电站的功率成本，包含了储能升压变流箱、电池集装箱、二次监控保护及远动设备的整体价格，元 /kW；b 为储能本体的购置成本，元 /kWh。

以上流程为分区 i 在储能配置时长为 $T_{\text{ref},i,j}$ 时所需配置储能容量的详细过程。

（8）若 i 分区内储能优化配置第 j 步没有达到相关考核指标的要求，则继续增大储能配置时长，即储能配置时长改为 $T_{\text{ref},i,j+1}$，并继续重复步骤（3）~步骤（7）；若分区 i 存在电力不足（非考核目标），还需要将该电力不足曲线作为其余主网分区向该分区的电力支援曲线。直到 $T_{\text{ref},i,j} > T_{\text{ref},i,\max}$ 时退出迭代，此时证明最大储能配置时长也不能满足要求。

（9）若 i 分区已完成储能容量及时长优化配置，则开始 $i+1$ 分区的储能容量及时长优化配置；最终判断是否对全网分区遍历完成，若没完成，继续步骤（2）~步骤（8），若判断完成后即确定出省域范围内各分区的储能配置规模及时长。

2.4 风光储输一体化规划实际电网算例

2.4.1 某省级电网新增直流风光火储配置方案

2.4.1.1 配置方案原则

（1）输电方式及容量选择。直流输电技术特别适合大功率、远距离输电，而且因为调节速度快，更容易降低事故影响，在长距离输电时所产生的综合损耗也比较小。从经济上来看，目前直流输电与交流输电的等价距离为600～900km。当输电距离超过等价距离后，特别是在超过1000km的长距离上，采用直流输电比采用交流输电经济。

某省级电网新增直流源网荷储一体化和多能互补发展示范工程输电距离约1500km，结合各输电方式的经济输电距离，参考我国直流工程容量序列，统筹该省级电网外送能力和受端需求，为提高送受端安全稳定水平以及提高输电通道利用效率，推荐该省级电网新增特高压外送通道直流规模为800万kW，采用±800kV直流方式送电。

（2）电源组织原则。为满足该省级电网新增直流输电工程的运行稳定性、可靠性、经济性，送端配套电源以该省级电网丰富的风光资源为依托，并考虑搭送本地适量煤电。

1）多能互补：风、光电项目具有较好的出力互补性，采用风光互补的原则，增加新能源输送电量占比。

2）灵活调节：充分发挥存量煤电和储能设施的调节能力，不增加系统调峰压力。

3）统筹兼顾：考虑适当利用存量资源、网架汇集便利因素，统筹电源组织方案。

（3）配套电源配比原则。为保证外送通道的充分合理利用，按照如下原则对重点通道送端基地的配套电源进行优化配置。

1）按照《关于推进电力源网荷储一体化和多能互补发展的指导意见》，对于增量基地化开发外送项目，外送输电通道可再生能源电量比例原则上不低于50%。

2）考虑送端新能源实际资源情况，合理安排风电、光伏装机规模及配比。

3）充分发挥配套煤电机组、储能装置对于新能源调峰能力。

4）配套电源尽可能满足直流全年外送电量的需求，减少对主网的依赖。

5）为保证新能源的合理消纳，送端基地的新能源整体弃电率控制在合理范围内。

2.4.1.2 该省级电网新增直流配套"风-光-火-储"多方案规划配置

（1）该省级电网新增直流的送电曲线。新增直流输电通道送电曲线按以下原则拟定。

1）采用多阶梯式送电曲线，与新增直流受端负荷特性尽可能匹配，原则上不增加受端调峰压力。

2）在新增直流受端负荷高峰时段，尽可能发挥电力支撑作用。

3）适度考虑新增直流送端新能源的出力特性，按照送端风电、光伏出力季节性分布特点，合理分配不同季节的送电量。

考虑该省级电网新增直流受端负荷及本省煤电利用小时数，建议直流通道利用小时数为 4500～5000h。在直流利用小时数为 4500h 情况下，年送电量约 360 亿 kWh，依据上述原则，分季节拟定新增直流送电曲线。其中 1 月、2 月、7 月、8 月、12 月，高台阶送电 800 万 kW；6 月、9 月，最高台阶送电 560 万 kW，其余月份高台阶送电 400 万 kW。具体如图 2-13 所示。

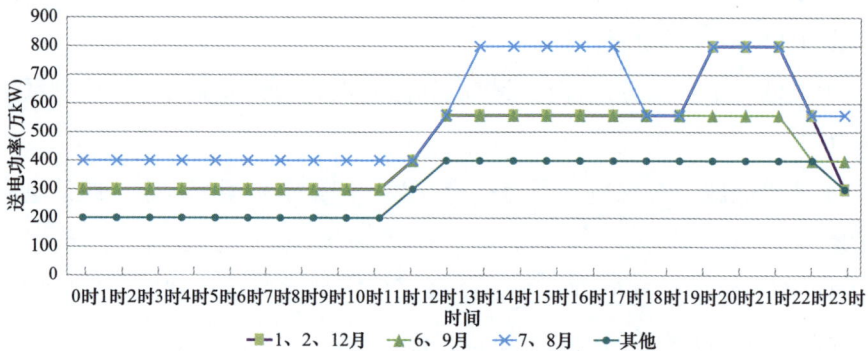

图 2-13　2025 年新增直流送电曲线

分月度看，1～2 月、7～8 月外送功率较大，能达到 800 万 kW 满送，3～5 月、10～11 月，外送功率低于 400 万 kW；日内来看，午间（12～16 点）及晚间（19～21 点）外送功率较大，夜间及早晨（0～9 点）外送功率低于400 万 kW。

（2）新增直流的配套电源多种规划方案。

约束条件：以新增直流通道新能源外送电量比例高于 50%、新能源利用率高于 95% 为目标。

技术路线：按照风光火储一体化配置要求，考虑多种配置方案，在火电、新能源装机规模变化中综合寻优，尽可能降低对主网电力支撑的依赖，通过 8760h 时序生产模拟进行测算。该省级电网新增直流的配套新能源规模为

1000 万～1300 万 kW，配套火电规模为 250 万～600 万 kW，分别选取火电 264 万、332 万、400 万 kW，新能源 1050 万、1250 万 kW 通过时序生产模拟进行多方案测算。

（3）新增直流的配套"风－光－火－储"电源规划方案测算结果。测算结果如表 2-4 所示，新增直流配套电源推荐方案：配套火电 332 万 kW，新能源 1050 万 kW，储能 220 万 kW/4h。推荐方案能可满足直流通道外送电及新能源消纳需求，全年主网支撑电量仅 17.18 亿 kWh。

表 2-4　　　　　　　新增直流配套电源规划方案测算结果

案例	火电装机（万 kW）	风电装机（万 kW）	光伏装机（万 kW）	储能配置（万 kW/h）	新能源发电量（亿 kWh）	主网支撑电量（亿 kWh）	主网支撑最大电力（万 kW）	外送新能源电量占比	新能源利用率
1	264	350	700	220/4	188.79	20.71	473	52.44%	95.79%
2	332	350	700	220/4	187.14	17.18	413	51.98%	94.96%
3	400	350	700	220/4	183.69	7.71	345	51.03%	93.20%
4	332	350	900	220/4	210.49	16.68	403	58.47%	91.11%
5	400	350	900	220/4	208.67	7.31	332	57.96%	90.34%

新能源装机容量 1050 万 kW，配套火电 264 万、332 万 kWh 均可满足新能源利用率 95% 以及通道新能源占比超过 50% 的目标，配套火电增加至 400 万 kWh，利用率降至 93%。增加新能源装机规模可有效提高外送电量占比，但同时降低新能源利用率。由于部分时段新能源小发，直流近区内电源出力难以满足外送要求，所有方案均需要主网提供电力电量支援，最大支援电力 473 万 kW，各方案支援电量 7 亿～21 亿 kWh。

继续对新增直流配套电源推荐方案进行进一步的分析，在新能源出力较小、负荷高峰时段，仅考虑配套电源难以完全满足外送需求，需要从主网获得电力支撑。

从电力缺额看，最大电力缺额 413 万 kW，近 70% 的电力缺额主要集中在 200 万 kW 以下；从缺电时长看，总缺电时长 1109h，占比 12.7%，200 万 kW 以下缺电时长 722h，占比 8.2%；从缺电时段看，主要集中在 6～9 月和 12～第二年 2 月，日内缺电主要集中在晚高峰 18～22 时，缺电时长占比 10.1%。

最大电力缺额出现在 7 月，冬季（12～第二年 2 月）缺额时长为 404h，占总缺额时长比例为 36.4%。夏季（6～8 月）缺额时长最多，为 547h，最大电力缺额为 413 万 kW，春季（3～5 月）缺额时长最小，为 5h，最大缺额为 345 万 kW。

推荐方案的日内电力缺额时长、各月电力缺额时长，推荐方案的主网支撑电力占比分别如图 2-14～图 2-16 所示。

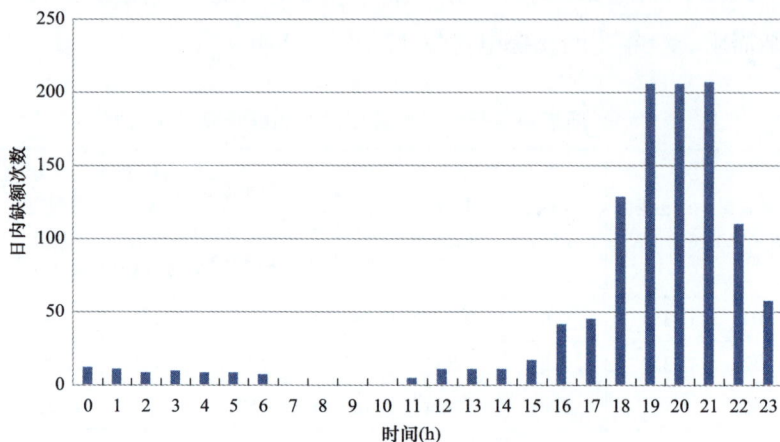

图 2-14　推荐方案的日内电力缺额时长

2.4.1.3　"新能源＋储能"配置容量敏感性分析

储能由推荐方案的 220 万 kW/4h 提升至 300 万 kW/4h，从电力缺额看，最大电力缺额由 413 万 kW 降低至 347 万 kW，降低 66 万 kW；从缺电时长

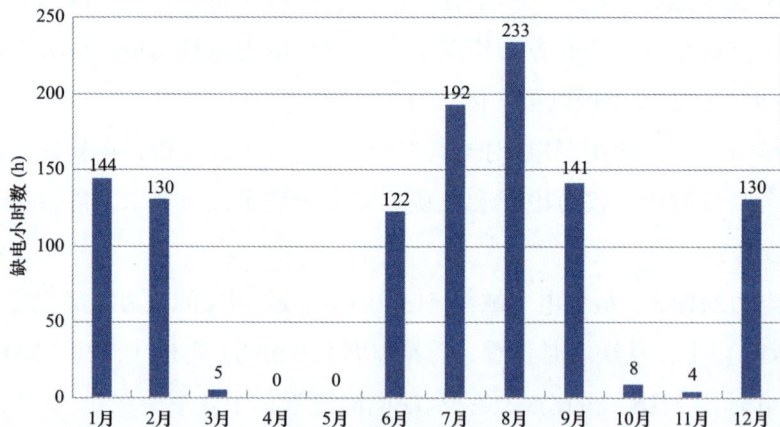

图 2-15　各月电力缺额时长

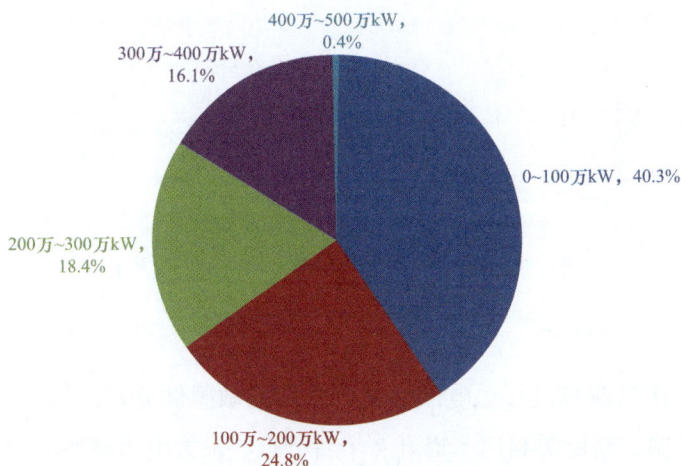

图 2-16　推荐方案的主网支撑电力占比

看，总缺电时长减少 437h；从主网支撑看，电量支撑由 17.2 亿 kWh 减少到 10.2 亿 kWh，新能源利用率可提高 2.3 个百分点。因此，提升储能规模可降低局部时段电力缺额；但会引起建设成本提高，进而导致直流落地电价上涨。不同储能配置容量敏感性分析如表 2-5 所示。

表 2-5　　　　　　　　　　不同储能配置容量敏感性分析

案例	火电装机（万 kW）	风电装机（万 kW）	光伏装机（万 kW）	储能配置（万 kW/h）	主网支援电量（亿 kWh）	新能源发电量（亿 kWh）	外送新能源电量占比	新能源利用率
1	332	350	700	220/4	17.18	187.14	51.98%	94.96%
2	332	350	700	300/4	10.24	191.76	53.27%	97.30%
3	400	350	700	220/4	7.71	183.69	51.03%	93.20%
				300/4	2.45	187.81	52.17%	95.30%
4	332	350	900	220/4	16.68	210.49	58.47%	91.11%
				400/4	5.75	220.75	61.32%	95.54%
5	400	350	900	220/4	7.31	208.67	57.96%	90.34%
				400/4	0.44	215.77	59.94%	93.39%

2.4.1.4　新增直流送电曲线优化

新增直流利用小时数提高至 5000h，外送电量 400 亿 kWh，曲线与受端负荷特性匹配。新增直流与受端负荷特性匹配的送电曲线如图 2-17 所示。

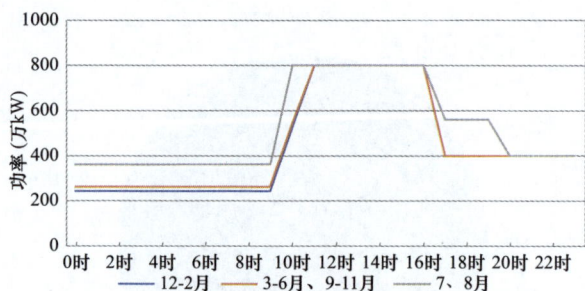

图 2-17　新增直流与受端负荷特性匹配的送电曲线

基于该送电曲线进行送电曲线优化方案的敏感性分析，结果如表 2-6 所示。结果表明，新能源利用率提升 2 个百分点，最大电力缺额增加 52 万 kW，缺额时长增加 2h。

表 2-6　　　　　　新增直流采取送电曲线优化方案的敏感性分析

方案	直流利用小时数（h）	直流曲线优化方式	最大缺额（万 kW）/ 总缺额时长（h）	新能源利用率
基础方案	4500	/	115/2	96.51%
直流曲线优化后方案	5000	与受端负荷特性匹配	167/4	98.49%

新增直流利用小时数提高至 5000h，外送电量 400 亿 kWh，曲线与送端新能源特性匹配。最终，新增直流与送端新能源特性匹配的送电曲线如图 2-18 所示。

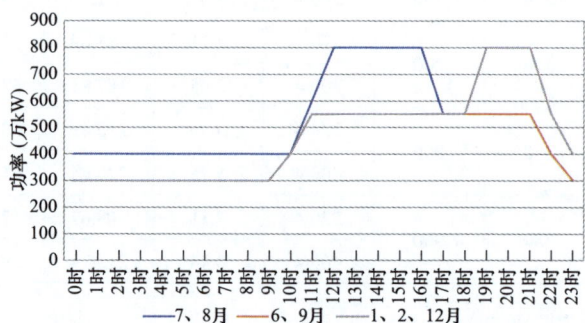

图 2-18　新增直流与送端新能源特性匹配的送电曲线

基于该送电曲线进行送电曲线优化方案的敏感性分析，结果如表 2-7 所示。结果表明，送端最大电力缺额减少 58 万 kW，缺额时长减少 1h。

表 2-7　　　　　　　　新增直流采取送电曲线优化方案的敏感性分析

方案	直流利用小时数（h）	直流曲线优化方式	最大缺额（万 kW）/ 总缺额时长（h）	新能源利用率
基础方案	4500	/	115/2	96.51%
直流曲线优化后方案	5000	与送端新能源特性匹配	57/1	98.88%

2.4.2　某省级电网风光储优化配置方案

2.4.2.1　"十四五"某省级电网电力供应多方案测算边界条件

（1）负荷情况。考虑到某省区正在推进清洁能源产业高质量发展，推动清洁能源全产业链发展，引进一批硅材料上下游重大项目，并按照"十四五"的电力需求预测情况，考虑两种方案：负荷中速发展方案（简称中方案），该省区全社会用电量 1310 亿 kWh，最大负荷 2000 万 kW，"十四五"年均增长分别为 4.76%、4.96%，如表 2-8 所示；负荷高速发展方案（简称高方案），该省区全社会用电量 1440 亿 kWh，最大负荷 2130 万 kW，"十四五"年均增长分别为 6.29%、6.79%，如表 2-9 所示。

表 2-8　　　　　　"十四五"全社会用电量及最大负荷预测表

类型	2020 年	2021 年	2022 年	2023 年	2024 年	2025 年	"十四五"年均增长率
全社会用电量（亿 kWh）	1038	1080	1135	1195	1255	1310	4.76%
全社会最大负荷（万 kW）	1570	1640	1725	1820	1915	2000	4.96%

表 2-9　　　　　　"十四五"全社会用电量及最大负荷预测表

类型	2020 年	2021 年	2022 年	2023 年	2024 年	2025 年	"十四五"年均增长率
全社会用电量（亿 kWh）	1038	1140	1190	1285	1370	1440	6.29%
全社会最大负荷（万 kW）	1660	1660	1735	1875	2007	2130	6.79%

（2）负荷特性预测。根据 2010～2020 年该省级电网实际年负荷特性曲

线，考虑今后若干年内的地区产业结构的变化可能，预计"十四五"该省级电网的年负荷特性曲线与近几年的年负荷特性曲线相比不会有太大变化，负荷曲线基本与近几年的历史走势相似。年负荷特性曲线仍将呈现以下特点：年最小负荷基本接近最大负荷的六成；年负荷曲线呈现"一峰一谷"，一般情况下，最大负荷发生在 11 月，最小负荷发生在 2 月。另外，季不均衡系数反映年负荷曲线的平复程度，受高耗能行业和气候影响因素较大，根据该省区经济预测结果，随着地区产业结构的进一步优化，第二产业的比重较大，高耗能行业发展趋于平稳，季不均衡系数呈现下降趋势。

（3）该省级电网外送电力需求预测。该省级电网主网架由 750kV 一个电压等级构成，通过四回 750kV 线路与西北电网连接。通过两回直流输电工程分别向山东、浙江送电，输电能力分别为 400 万 kW、800 万 kW；同时，接入另一回其他省区特高压直流输电工程向山东送电，该省级电网交流侧输电能力 300 万 kW，"十四五"中后期调减 100 万 kW，2025 年新增一回特高压直流工程，新增外送容量 800 万 kW。

根据该省级电网外送电力需求预测结果，2025 年至山东的直流输电能力按额定 400 万 kW，年外送电量 220 亿 kWh 计算；至浙江的直流输电能力按额定 800 万 kW，年外送电量为 450 亿 kWh；通过其他省区特高压直流输电工程外送能力为 200 万 kW，年外送电量按 30 亿 kWh 计算；新增第三回直流输电能力按额定 800 万 kW，年外送电量为 360 亿 kWh。"十四五"逐年电力电量外送情况如表 2-10 所示。

表 2-10   "十四五"逐年电力电量外送情况

类型	项目	2021 年	2022 年	2023 年	2024 年	2025 年
外送电力（万 kW）	至山东	400	400	400	400	400
	至浙江	800	800	800	800	800
	至其他省区直流	200	200	200	200	200
	新增直流	—	—	—	—	800
	合计外送电力	1400	1400	1400	1400	2200
外送电量（亿 kWh）	至山东	220	220	220	220	220
	至浙江	450	450	450	450	450

类型	项目	2021 年	2022 年	2023 年	2024 年	2025 年
外送电量 （亿 kWh）	至其他省区直流	30	30	30	30	30
	其他通道	80	30	30	30	30
	新增直流	—	—	—	200	360
	合计外送电量	780	730	730	930	1090

（4）新能源及储能规模。按照科学规划、因地制宜、系统配套、协调发展的原则，综合考虑该省区风能资源分布，以及项目规划选址方案中各风电项目以和风电基地的前期工作情况、电源接入系统、经济性比较等开发建设条件进行分析，预计 2025 年风电装机达到 1900 万 kW。"十四五"期间该省区将继续推进光伏园区建设，集中发展光伏电站，同时因地制宜推进分布式光伏发电、光伏扶贫等项目。预计 2025 年将达到 3550 万 kW。综合可得，2025 年该省区新能源装机容量为 5450 万 kW（其中风电 1900 万 kW，光伏 3550 万 kW，新增直流配套 1300 万 kW/ 区内其他 3150 万 kW）。按照该省区发改委要求，"十四五"期间储能设施容量不低于新能源装机 10%、连续储能时长 2h 以上逐年配置，并要求 2021 年底前存量项目完成储能配置。储能设施容量不低于新能源装机 10%、连续储能时长 2h 以上，考虑 2 种方案：① 主网储能配置 415 万 kW/2h，直流近区配置 230 万 kW/4h；② 主网储能配置 623 万 kW/2h，直流近区配置 230 万 kW/4h。"十四五"逐年新能源装机容量如表 2-11 所示。

表 2-11　　　　　"十四五"逐年新能源装机容量　　　　　（万 kW）

规划水平年	2020 年	2021 年	2022 年	2023 年	2024 年	2025 年
风电装机	1377	1482	1512	1550	1650	1900
光伏装机	1197	1483	1583	1683	1983	3550
合计	2574	2965	3095	3233	3633	5450

（5）火电装机边界。在 2020 年火电装机 3334 万 kW（供热机组为 1074 万、非供热为 2260 万）基础上进行了 3 种方案的敏感性分析。火电新增装机考虑三种方案（见表 2-12）：根据最新电力规划，低方案下"十四五"火电

新增规模为 315 万 kW，中方案下为 447 万 kW，高方案下为 547 万 kW。

表 2-12　　　　　　　　　该省区"十四五"新增火电装机规模

方案	项目	容量	新增容量
方案一	仅考虑在建火电投产方案	新增气电 44.6 万 kW	315 万 kW
方案二	考虑规划热电均投产方案	方案一+某热电厂扩建 35 万 kW、某电厂扩建 70 万 kW	447 万 kW
方案三	考虑"上大压小"项目投产方案	方案二+"上大压小"项目 92 万 kW	547 万 kW

（6）火电检修、受阻与调峰情况。

1）检修情况：参考调度 2025 年逐月检修计划来确定。

2）受阻情况：考虑常规火电机组全年 3% 受阻，热电联产机组非供暖期 3% 受阻，供暖期 15% 受阻。

3）备用情况：电力平衡所需水、火电装机容量等于工作容量加备用容量，备用容量由负荷备用、事故旋转备用、事故停机备用三部分组成。根据该省级电网运行实际，备用率选取最大负荷的 5%。

4）调峰情况：考虑调峰补贴等因素，2025 年非供暖期所有火电最小技术出力均选取 30%，供暖期供热机组按照"以热定电"原则最小技术出力选取 60%（目前该省级电网整体火电最小技术出力约 37%）。

火电检修计划如表 2-13 所示。

表 2-13　　　　　　　　火 电 检 修 计 划　　　　　　　（万 kW）

月份	1 月	2 月	3 月	4 月	5 月	6 月	7 月	8 月	9 月	10 月	11 月	12 月
火电检修	0	224	261	479	557	452	0	114	467	189	38	0

2.4.2.2 "十四五"该省级电网电力供应多方案测算结果

（1）基础案例。2025 年，新增火电 315 万 kW，新能源规模 5450 万 kW，储能配置 645 万 kW。经测算，基本能够满足全网电力平衡需求。总缺电时长仅为 2h，分别发生在 7 月 9 日 22 时和 12 月 16 日 20 时，电力缺额分别为 115 万 kW 和 58 万 kW。基础方案测算结果如表 2-14 所示。基础方案下的电力缺额分布如图 2-19 所示。

表 2-14

最大负荷（万 kW）	新增火电（万 kW）	储能配置规模（万 kW/h）	最大缺额（万 kW）/总缺额时长（h）	最大缺额（万 kW）	总缺额时长（h）	新能源利用率
2130	315	415/2＋230/4	115/2	115	2	96.51%

如图 2-20 所示，最大电力缺额出现在 12 月，冬季（12～第二年 2 月）缺额时长为 8h，占总缺额时长比例为 35%。夏季（6～8 月）缺额时长最多，为 10h，最大电力缺额为 255 万 kW，春季（3～5 月）缺额时长最小，为 1h，最大缺额为 94 万 kW。

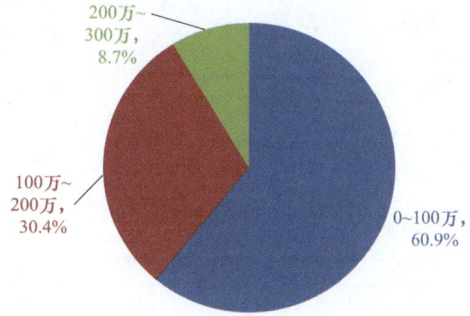

图 2-19　基础方案下的电力缺额分布

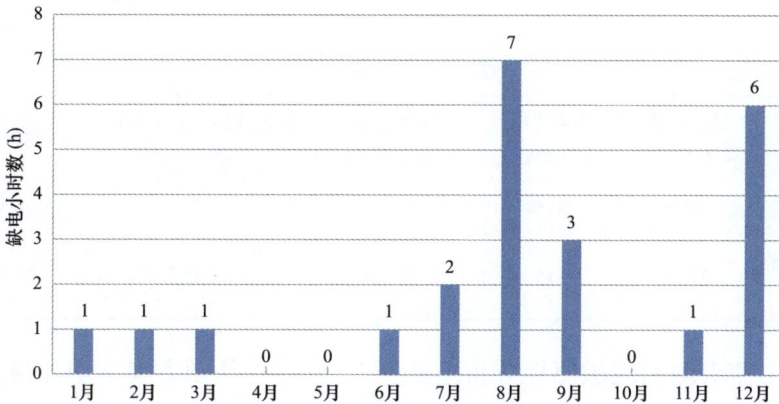

图 2-20　各月电力缺额时长

（2）负荷敏感性分析（见表 2-15）。负荷中方案下，不存在电力缺额，但利用率较基础方案减少了 1.03 个百分点。

表 2-15　　　　　　　　　　负荷敏感性分析

方案	最大负荷（万 kW）	新增火电（万 kW）	储能配置规模（万 kW/h）	最大缺额（万 kW）/总缺额时长（h）	新能源利用率
基础方案	2130	315	415/2＋230/4	115/2	96.51%
负荷敏感方案	2000	315	415/2＋230/4	无缺额	95.48%

（3）火电敏感性分析（见表2-16）。火电新增规模447万kW和547万kW，均不存在电力缺额，但利用率较基础方案分别减少了0.22和0.35个百分点。

表2-16　　　　　　　　　　火电敏感性分析

方案	最大负荷（万kW）	新增火电（万kW）	储能配置规模（万kW/h）	最大缺额（万kW）/总缺额时长（h）	新能源利用率
基础方案	2130	315	415/2＋230/4	115/2	96.51%
火电敏感方案1	2130	447（315＋132）	415/2＋230/4	无缺额	96.29%
火电敏感方案2	2130	547（447＋100）	415/2＋230/4	无缺额	96.16%

（4）储能敏感性分析（见表2-17）。新能源配套储能规模由10%增至15%，不存在电力缺额，利用率较基础方案增加了1.17个百分点。

表2-17　　　　　　　　　　储能敏感性分析

方案	最大负荷（万kW）	新增火电（万kW）	储能配置规模（万kW/小时）	最大缺额（万kW）/总缺额时长	新能源利用率
基础方案	2130	315	415/2＋230/4	115/2	96.51%
储能敏感方案	2130	315	623/2＋230/4	无缺额	95.44%

（5）需求侧响应敏感性分析（见表2-18）。在基础方案下增加最大负荷5%的需求侧响应能力，全网仍有电力缺额，最大电力缺额175万kW，总缺额时长6h。较基础方案最大电力缺额降低约80万kW，缺额时长减少17h，有效缓解了电力供应不足情况。

表2-18　　　　　　　　　　需求侧响应敏感性分析

方案	最大负荷（万kW）	新增火电（万kW）	储能配置规模（万kW/h）	需求侧响应规模（万kW）	最大缺额（万kW）/总缺额时长（h）	新能源利用率
基础方案	2130	315	415/2＋230/4	0	115/2	96.51%
＋5%需求侧响应	2130	315	415/2＋230/4	106	1.4/1	97.33%

2.4.3 某省级电网形态及规划

2.4.3.1 该省级电网新能源分区及数据处理验证

基于规划年运行场景重构与运行方式提取方法，最终生成 2025 年规划年 8 个典型及 3 个极端运行方式，能够充分表征规划年任一地区任一时间点电网运行场景。如图 2-21 所示，以典型运行方式 1 为例。该运行方式全年出现概率最大，达到 18%，表征了新能源小出力、大负荷、大外送场景。其中，风电出力占各分区风电装机比例 7%~12%；光伏出力占各分区光伏装机比例 2.8%~5.9%；负荷为全网最大负荷的 86.3%；已有的两回直流外送电力占最大外送能力比例超过 90%。

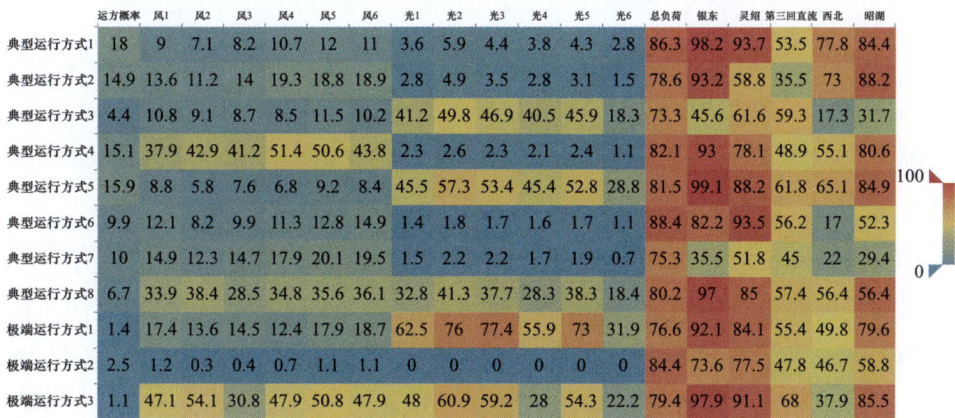

	运方概率	风1	风2	风3	风4	风5	风6	光1	光2	光3	光4	光5	光6	总负荷	银东	灵绍	第三回直流	西北	昭沼
典型运行方式1	18	9	7.1	8.2	10.7	12	11	3.6	5.9	4.4	3.8	4.3	2.8	86.3	98.2	93.7	53.5	77.8	84.4
典型运行方式2	14.9	13.6	11.2	14	19.3	18.8	18.9	2.8	4.9	3.5	2.8	3.1	1.5	78.6	93.2	58.8	35.5	73	88.2
典型运行方式3	4.4	10.8	9.1	8.7	8.5	11.5	10.2	41.2	49.8	46.9	40.5	45.9	18.3	73.3	45.6	61.6	59.3	17.3	31.7
典型运行方式4	15.1	37.9	42.9	41.2	51.4	50.6	43.8	2.3	2.6	2.3	2.1	2.4	1.1	82.1	93	78.1	48.9	55.1	80.6
典型运行方式5	15.9	8.8	5.8	7.6	6.8	9.2	8.4	55	57.3	53.4	45.4	52.8	28.8	81.5	99.1	88.2	61.8	65.1	84.9
典型运行方式6	9.9	12.1	8.2	9.9	11.3	12.8	14.9	1.4	1.8	1.7	1.5	1.8	1.1	84.4	82.2	93.5	56.2	17	52.3
典型运行方式7	10	14.9	12.3	14.7	17.9	20.1	19.5	1.5	2.2	2	1.7	1.9	0.7	75.3	35.5	51.8	45	22	29.4
典型运行方式8	6.7	33.9	38.4	28.5	34.8	36.6	36.1	32.8	41.3	37.7	28.3	38.3	18.4	80.2	97	85	57.4	56.4	56.4
极端运行方式1	1.4	17.4	13.6	14.5	12.4	17.9	18.7	62.5	76	77.4	55.9	73	31.9	76.6	92.1	84.1	55.4	49.8	79.6
极端运行方式2	2.5	1.2	0.3	0.6	0.7	1.1	1.1							84.4	73.6	77.5	47.8	46.7	58.8
极端运行方式3	1.1	47.1	54.1	30.8	47.9	50.8	47.9	48	60.9	59.2	28	54.3	22.2	79.4	97.9	91.1	68	37.9	85.5

图 2-21 2025 年该省级电网运行方式情况

注：图中数字表示出力百分比，风（光）1~6 为各分区出力占分区装机百分比；总负荷为全网负荷占最大负荷百分比；交、直流外送为占当年最大值的百分比。

同时，对季节、月份、小时维度的各类风电、光伏出力特性及负荷水平进行表征，如图 2-22 所示。

重复以上过程，分别对 2018~2020 年运行数据进行"新能源分区-运行方式重构-典型/极端运行方式提取与概率建模"步骤，并通过近四年的数据进行了研究，校验了方法的合理性与可靠性。

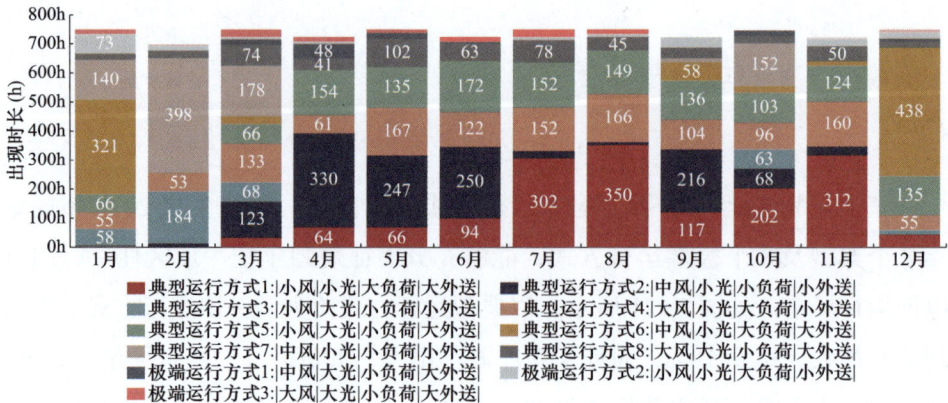

图 2-22 2025 年该省级电网运行方式各月出现时长

2.4.3.2 新能源接入比例为 50%、60%、75% 下该省级电网的结构形态演化结果与电源发展方案

2020 年已有火电规模为 31360MW，水电规模为 420MW，光伏规模为 11472MW，风电规模为 13485MW，储能规模为 0MW。目前该省级电网新能源占比约为 44%，以此为基础分别设置最终演化条件为新能源占比 50%、60% 与 75%，计算相应演化方案。

（1）50% 比例新能源占比下系统演化方案。50% 比例新能源演化方案模拟的是新能源适中增速下系统整体发展布局，由于该省级电网新能源占比已为 44%，故演化结果中新能源演化特性较弱，由模型计算结果可知，在高-高路线下，2035 年火电规模约为 38969MW，风电规模 14821MW，光伏规模 21324MW，储能规模为 7000MW 新能源接入比例为 48%，在该占比下，各灵活性资源新增规模如图 2-23 所示。

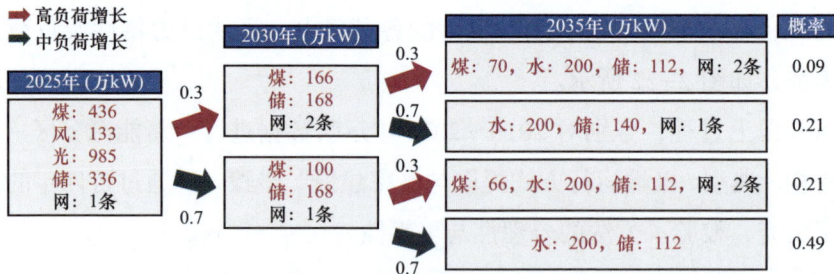

图 2-23 50% 新能源占比下系统演化路线

预计以 50% 新能源占比为演化目标的系统发展方案下，储能 2025 年预计规模为 4200MW，2030 年规模约为 5880MW，2035 年储能规模演化至 7000MW，风电最优配置为在风区 1 新增 1330MW，光伏最优配置为分别在区 3、区 5 新增 4080MW 与 5770MW。

（2）60% 比例新能源占比下系统演化方案。60% 比例新能源演化方案模拟的是新能源较高增速下系统整体发展布局，结合模型求解结果，在高–高路线下，2035 年火电规模约为 37269MW，风电规模为 20832MW，光伏规模为 45627MW，储能规模为 7560MW，新能源接入比例为 64%，在该占比下，各灵活性资源新增规模如图 2-24 所示。

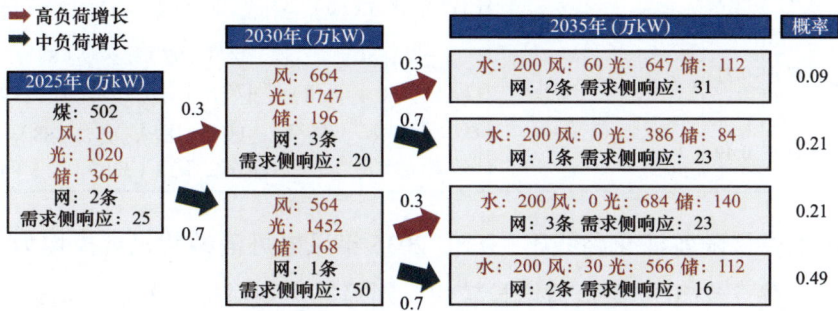

图 2-24　60% 新能源占比下系统演化路线

（3）75% 比例新能源占比下系统演化方案。75% 比例新能源演化方案模拟的是新能源高增速下系统整体发展布局，结合模型求解结果，在高–高路线下，2035 年火电规模约为 38320MW，风电规模为 30939MW，光伏规模为 80758MW，储能规模为 12600MW，新能源接入比例为 74%，在该占比下，各灵活性资源新增规模如图 2-25 所示。

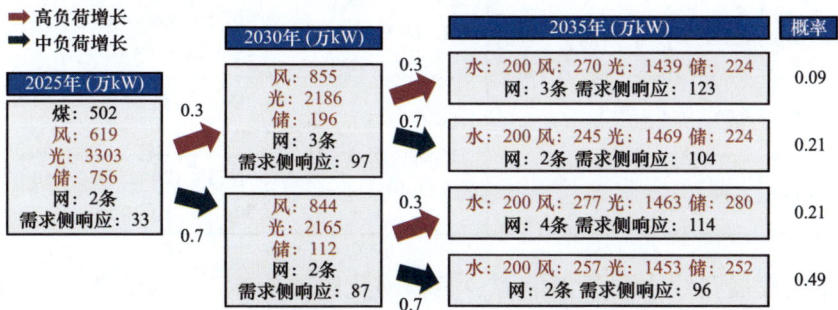

图 2-25　75% 新能源占比下系统演化路线

从总体上看，负荷增速越快，新能源可承载量越高，2030年至少可容纳光伏装机规模5000万kW，高负荷增速下光伏容量上限为5300万kW，该省级电网以较高概率收敛至中高负荷增长路线，相应光伏装机规模约为6600万kW。75%新能源占比下该省级电网光伏容量增长路径如表2-19所示。

表2-19　75%新能源占比下该省级电网光伏容量增长路径

路线	概率	2025年（万kW）	2030年（万kW）	2035年（万kW）
高-高（A）	0.09	区1（90），区2（1989），区3（309），区4（302），区5（552），区6（60）	区1（30），区2（1539），区3（204），区4（240），区5（112），区6（60）	区1（120），区2（295），区3（444），区5（579）
高-中（B）	0.21			区1（67），区2（355），区3（336），区4（90），区5（621）
中-高（C）	0.21		区2（1805），区3（94），区4（150），区5（54），区6（60）	区1（97），区2（88），区3（476），区4（180），区5（621）
中-中（D）	0.49			区1（187），区2（88），区3（416），区4（330），区5（431）

风电发展随各演化路线不一，但2035年风电可消纳装机规模均为2400万kW左右，若2030年负荷增长较快，则提早达到目标，若负荷增速放缓，则需在2035年才可实现该规模。75%新能源占比下该省级电网风电容量增长路径如表2-20所示。

表2-20　75%新能源占比下该省级电网风电容量增长路径

路线	概率	2025年（万kW）	2030年（万kW）	2035年（万kW）
高-高（A）	0.09	区1（165），区3（104），区5（279），区6（70）	区1（377），区2（218），区3（30），区4（69），	区1（166），区2（80），区3（10），区5（5）
高-中（B）	0.21			区1（166），区2（50），区3（30），区5（5）
中-高（C）	0.21		区1（305），区2（115），区3（15），区5（34）	区1（124），区2（80），区5（30）
中-中（D）	0.49			区1（124），区2（50），区3（30），区5（30）

储能发展路线主要受新能源、负荷演化路线影响，新能源装机增速快，需要更多的储能装置消纳新能源，各路线最终阶段均需要配置1000万kW以

上储能。

2.4.3.3 不同新能源比例下的该省级电网输电网结构薄弱辨识结果及相应完善建议

（1）50% 比例新能源占比下系统演化方案。50% 新能源占比下系统薄弱环节辨识与补强方案如表 2-21 所示。

表 2-21　　　　50% 新能源占比下薄弱环节辨识后系统线路发展方案

迭代次数	补强方案
1	XJZ-YCD
2	SH-BQ
3	YC-LH
4	无 / 迭代停止

薄弱环节辨识结束后系统网架演化方案更新如表 2-22 所示。

表 2-22　　　　50% 新能源占比下薄弱环节辨识后系统线路发展方案

路线	概率	2025 年	2030 年	2035 年
高-高（A）	0.09		ZW-YSQ	–
高-中（B）	0.21	YC-XX		–
中-高（C）	0.21		ZW-YSQ	–
中-中（D）	0.49			–

（2）60% 新能源占比下系统演化方案。网架补强方案如表 2-23 所示。

表 2-23　　　　60% 新能源占比下该省级电网薄弱环节

迭代次数	补强方案
1	XJZ-YCD
2	SH-BQ
3	LH-XC、YC-LH
4	无 / 迭代停止

最后一次迭代中线路演化方案如表 2-24 所示。

表 2-24　　　　　60% 新能源占比下薄弱环节辨识后系统线路发展方案

路线	概率	2025 年	2030 年	2035 年
高-高（A）	0.09	BQ-LS、YC-XX	ZW-YSQ	–
高-中（B）	0.21			–
中-高（C）	0.21		ZW-YSQ	–
中-中（D）	0.49			–

（3）75% 新能源占比下系统演化方案。网架补强方案如表 2-25 所示。

表 2-25　　　　　75% 新能源占比下该省级电网薄弱环节

迭代次数	补强方案
1	XJZ-YCD
2	SH-BQ、LZ-SB
3	LH-XC、YC-LH
4	无 / 迭代停止

最后一次迭代中线路演化方案如表 2-26 所示。

表 2-26　　　　75% 新能源占比下薄弱环节辨识后系统线路发展方案

路线	概率	2025 年（万 kW）	2030 年（万 kW）	2035 年（万 kW）
高-高（A）	0.09	BQ-LS、YC-XX	ZW-YSQ	YZ-SB
高-中（B）	0.21		HC-CG	–
中-高（C）	0.21		ZW-YSQ	ZW-SPT
中-中（D）	0.49			–

3

面向新型电力系统的调度运行控制技术

3.1 新能源强不确定性下系统暂态稳定特性

3.1.1 新能源对系统暂态稳定的影响

通过大规模新能源接入交直流外送系统暂态过电压、暂态功角、频率的影响稳定分析模型，分析影响新能源机端以及直流换流站暂态过电压因素，并推导表达式。

3.1.1.1 大规模新能源接入对电网暂态过电压的影响

实际大规模新能源接入交直流外送系统等值简化为图 3-1 所示的等值系统。

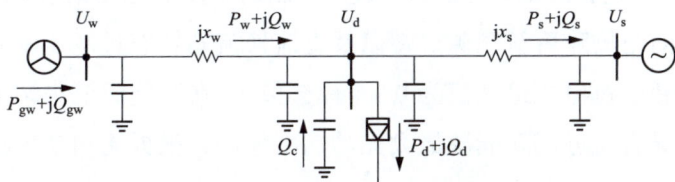

图 3-1 等值系统（不考虑调相机）

P_{gw}、Q_{gw}—风机输出的有功功率和无功功率；P_w、Q_w—风机侧送出有功和无功功率；

P_s、Q_s—系统侧受入有功和无功功率；P_d、Q_d—换流站消耗有功和无功功率；

Q_c—换流站并联补偿无功；U_w、U_d、U_s—风机侧、换流站和系统侧电压；

x_w、x_s—风机侧和系统侧电抗

对于故障后系统，根据线路电压损耗公式以及有功功率、无功功率方程可以计算故障后直流换流站以及新能源机端电压。

根据式（3-1），故障后换流站电压 U_d' 可通过系统侧电压 U_s'，再结合故障后系统侧受入的功率 P_s'、Q_s' 进行计算从而求得，即

$$U_{\mathrm{d}}' = \sqrt{\left(U_{\mathrm{s}}' + \frac{Q_{\mathrm{s}}' x_{\mathrm{s}}}{U_{\mathrm{s}}'}\right)^2 + \left(\frac{P_{\mathrm{s}}' x_{\mathrm{s}}}{U_{\mathrm{s}}'}\right)^2} \qquad （3-1）$$

式中：x_{s} 为系统侧电抗。

故障后风机侧电压 U_{w}' 可通过换流站电压 U_{d}' 及故障后风机侧送出功率 P_{w}'、Q_{w}' 求得，即

$$U_{\mathrm{w}}' = \sqrt{\left(U_{\mathrm{d}}' + \frac{Q_{\mathrm{w}}' x_{\mathrm{w}}}{U_{\mathrm{d}}'}\right)^2 + \left(\frac{P_{\mathrm{w}}' x_{\mathrm{w}}}{U_{\mathrm{d}}'}\right)^2} \qquad （3-2）$$

式中：x_{w} 为风机侧电抗。

系统发生直流闭锁、直流换相失败、近区交流故障等故障后，直流传输功率中断或大幅跌落。因此，近似认为故障后直流有功和无功功率变为 0。

根据式（3-1）和式（3-2），考虑暂态过程中风机送出的无功功率变化与线路阻抗消耗的无功功率变化量，即可计算出新能源机端以及直流换流站暂态过电压。

3.1.1.2　暂态过电压对直流近区新能源输出功率的影响

为了给直流近区新能源接入规模提供参考并分析调相机接入对新能源出力的影响，根据上述公式推导考虑暂态过电压制约的直流近区新能源最大出力。

在故障前与故障后新能源机端以及直流换流站暂态过电压基础上，考虑新能源机端暂态过电压最大值为 0.3（标幺值），在新能源汇集站加装分布式调相机，推导直流近区新能源最大无功功率输出，根据无功功率输出与有功功率输出比例，可得出最大无功功率，即

$$\Delta Q_{\mathrm{gw}} = \frac{\Delta U_{\mathrm{gw}} S_{\mathrm{d}} S_{\mathrm{s}} + \Delta Q_{\mathrm{d}} S_{\mathrm{d}}}{S_{\mathrm{s}} + S_{\mathrm{d}}} \qquad （3-3）$$

式中：ΔQ_{gw} 为故障后新能源无功出力变化；ΔU_{gw} 为故障后新能源机端电压变化量；S_{s} 为系统侧短路容量；S_{d} 为直流侧短路容量；ΔQ_{d} 为与直流侧相关的无功功率变化量。

考虑调相机时，式（3-3）变为

$$\Delta Q_{\mathrm{gw}} = \frac{\Delta U_{\mathrm{gw}} S_{\mathrm{d}} S_{\mathrm{s}} + (\Delta Q_{\mathrm{d}} + \Delta Q_{\mathrm{sc}}) S_{\mathrm{d}}}{S_{\mathrm{s}} + S_{\mathrm{d}}} - \Delta Q_{\mathrm{sc}} \qquad （3-4）$$

式中：ΔQ_{sc} 为调相机无功功率的变化量。

综上所述，可根据式（3-4）计算不考虑调相机以及考虑调相机两种情况下，受暂态过电压制约的新能源最大出力。

3.1.1.3　大规模新能源接入交直流外送系统暂态过功角影响机理

（1）风火打捆外送系统建模技术。双馈型风电集中接入受端大系统结构如图 3-2 所示。送端的火电和风电通过高压线路传输至受端单机大系统。其中，同步发电机采用二阶经典模型，风力发电机为双馈型风电机组，线路以及变压器只保留电抗。

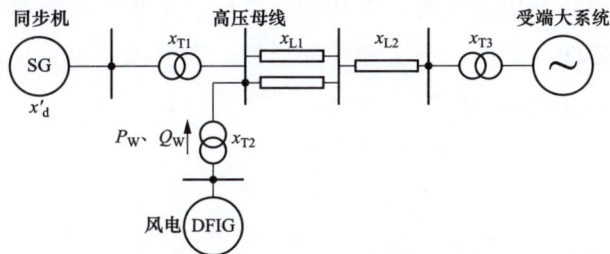

图 3-2　风火打捆外送典型系统结构图

P_W—双馈机组的有功功率；Q_W—双馈机组的无功功率

系统等效电路如图 3-3 所示，图中，r_W 和 x_W 并非真实存在的电阻和电抗，是为了方便推导同步机电磁功率而引入的中间量，其可变阻抗的阻值可表示为

$$\begin{cases} r_W = -\dfrac{U_a^2}{P_W} \\ x_W = -\dfrac{U_a^2}{Q_W} \end{cases} \quad （3-5）$$

双馈风机作为风力发电机的主流机型，能够分别控制有功功率和无功功率，可以更好调节系统，提高稳定性。在系统正常运行时，DFIG 运行在恒功率因数下，风力机组只向系统输送有功功率，无功功率输出为 0；系统发生短路时，故障期间 DFIG 进入低电压穿越模式，并向系统输送无功功率用以支撑；故障结束后 DFIG 退出低穿模式，并且有功功率按照一定的速率恢复。

双馈型风电机并网点发生短路故障，短时间后故障清除，双馈风电

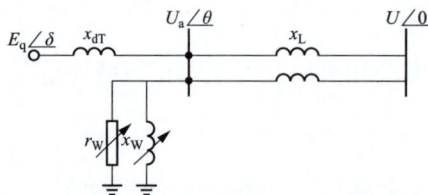

图 3-3 风火打捆外送典型系统
等效电路图

E_q—同步发电机内电势；x_{dT}—同步机内抗 x'_d
和变压器电抗 x_{T1} 之和；x_L—线路电抗
（双回线）；U_a、θ—高压母线的电压和相角

机组有功功率、无功功率暂态特性
如图 3-4 所示。

由图 3-4 可知，系统发生故障前，仅向系统输出有功功率，无功功率输出为 0，此时可以将双馈风机等效为一个恒定负电阻。系统发生故障期间，双馈效为一个可变负电阻和一个可变负电抗并联在并网口，其值则与并网点的电压和有功无功输出有关。在故障清除后前期，双馈风有功功率快速恢复，无功功率维持一定水平并逐渐减小，此时暂态特性仍和故障期间相同。在故障清除后期，双馈风机的有功无功输出达到恒定值，与故障前基本一致。

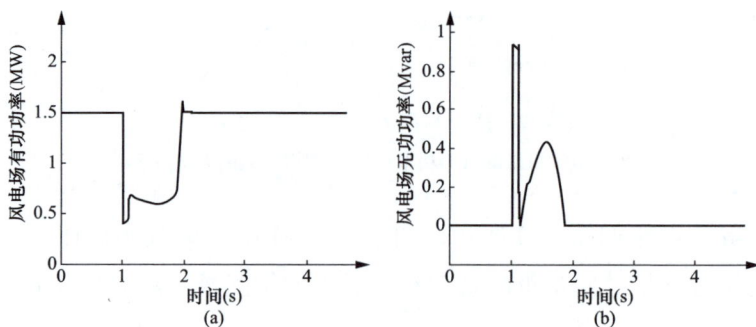

图 3-4　风机暂态响应特性图
（a）有功功率暂态特性；（b）无功功率暂态特性

（2）风机接入对系统功角曲线的影响。单端送电系统同步机的电磁功率 P_e 可表示为

$$P_e = \frac{E_q^2}{|Z_{11}|}\sin\alpha_{11} + \frac{E_qU}{|Z_{12}|}\sin(\delta - \alpha_{12}) \qquad （3-6）$$

式中：E_q 为发电机内电势；U 为受端电压；δ 为内电势与受端电压之间的角度；Z_{11} 和 Z_{12} 分别为同步机组的自阻抗以及与受端系统间的互阻抗；α_{11} 和 α_{12} 分别为自阻抗角和互阻抗角的余角。

图 3-5 为 DFIG 接入系统前正常运行时的等效电路图，此时系统仅有同步发

电机输出功率，风电机组出力为 0。

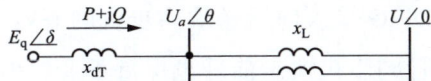
图 3-5 DFIG 接入系统前正常运行时的等效电路图

此时同步机的电磁功率 P_e 为

$$P_e = \frac{E_q U}{x_\Sigma} \sin \delta \qquad (3-7)$$

$$E_q = \sqrt{(U_a + \Delta U)^2 + \delta U^2} \qquad (3-8)$$

$$\begin{cases} \Delta U = \dfrac{PR + QX}{U_a}, \delta U = \dfrac{PX - QR}{U_a} \\[3mm] \Delta \delta = \arctan\left(\dfrac{\delta U}{\Delta U + U_a}\right) \end{cases} \qquad (3-9)$$

式中：x_Σ 为发电机暂态电抗、变压器漏抗和线路的电抗的总和；ΔU 和 δU 分别为 E_q 到 U 电压降的纵分量和横分量；$\Delta \delta$ 为 E_q 与 U 之间的电角度之差。

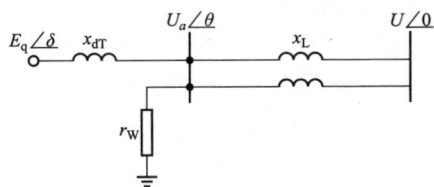
图 3-6 DFIG 接入后系统等效电路图

当 DFIG 等出力置换火电出力接入系统后，在正常运行情况下，其等效为一个恒定的负电阻，如图 3-6 所示。

系统的自阻抗 Z_{11} 和互阻抗 Z_{12} 分别为

$$Z_{11} = \mathrm{j}x_{dT} + (r_W) / /(\mathrm{j}x_L) = \frac{-P_W x_L^2 U_a^2}{U_a^4 + P_W^2 x_L^2} + \mathrm{j}\left(x_{dT} + \frac{x_L U_a^4}{U_a^4 + P_W^2 x_L^2}\right)$$
$$= a_{11} + \mathrm{j}b_{11} = |Z_{11}| \underline{/\phi_{11}} \qquad (3-10)$$

$$Z_{12} = \mathrm{j}(x_{dT} + x_L) + \frac{\mathrm{j}x_{dT} \cdot \mathrm{j}x_L}{r_W} = \frac{P_W x_{dT} x_L}{U_a^2} + \mathrm{j}(x_{dT} + x_L)$$
$$= a_{12} + \mathrm{j}b_{12} = |Z_{12}| \underline{/\phi_{12}} \qquad (3-11)$$

由此可得，当风电接入系统时，即 $P_W > 0$，此时 $a_{11} < 0$，$b_{11} > 0$，则 $\phi_{11} \in (90°, 180°)$，因此 $\alpha_{11} < 0$；当有 DFIG 接入系统时，$a_{12} > 0$，$b_{12} > 0$，则 $\phi_{12} \in (0°, 90°)$，$|Z_{12}| > x_\Sigma$，因此 $\alpha_{12} > 0$。从而可知，DFIG 接入系统后的同步机功角曲线在纵向上向下平移，在横向上向右平移，并且正弦量的幅值减小。

DFIG 接入前后送端同步机的等效内电抗 x_d 不变，仅是减小同步机的出力，且同步机惯量前后也保持不变。由于 DFIG 与同步机整体出力前后保持不变，可以推断出传输线路上的功率以及高压母线电压基本保持不变。可得到

$$\begin{cases} E_q = \sqrt{U_a^2 + 2Qx_{dT} + \dfrac{(P^2 + Q^2)x_{dT}^2}{U_a^2}} \\ \Delta\delta = \arctan\left(\dfrac{Px_{dT}}{Qx_{dT} + U_a^2}\right) \end{cases} \tag{3-12}$$

同步机输出的有功功率 P 减少后，E_q 和 $\Delta\delta$ 也随之减小，因此同步机的初始功角在 DFIG 替换后有所减小，如图 3-7 所示。

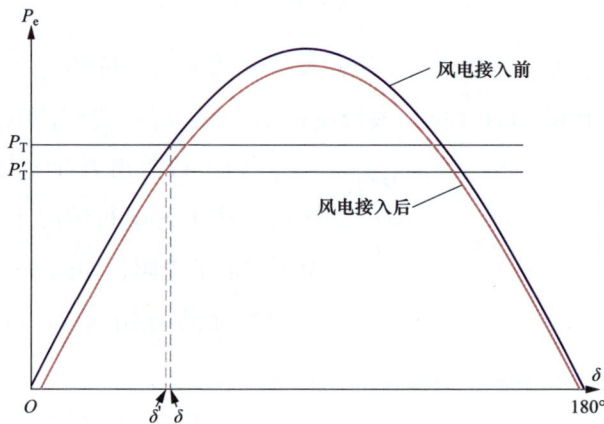

图 3-7　DFIG 等出力替换火电系统前后同步机功角曲线关系

如图 3-7 所示，DFIG 等出力置换火电出力后的功角曲线沿着右下方向移动，但由于同步机的机械功率减小，反而同步机的初始功角有所减小。

在高压母线上并联一个负负荷相当于在并网处并联一个负的电阻，以此来模拟 DFIG 的有功出力。图 3-8 为高压母线并联负负荷的等效电路图。

在故障期间，高压母线上的负负荷量迅速变成 0，在故障清除后迅速恢复至正常水平。负负荷的有功出力在故障前后保持一致。此处，采用负负荷与 DFIG 作对比可以更好地分析故障后 DFIG 的有功恢复特性对系统暂态稳定的

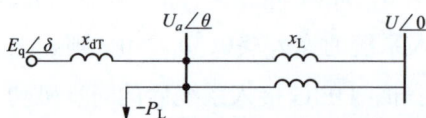

图 3-8　负负荷接入系统等效电路图

影响。

系统短路故障期间同步机的加速面积为 S_{acc}，在故障清除后同步机的减速面积为 S_{dec}。下面通过等面积定则对系统暂态稳定性进行定量分析。

故障清除时刻同步机的功角 δ_c 和同步机的加速面积 S_{acc} 分别为

$$\begin{cases} \delta_c = \delta_0 + \dfrac{1}{2} \times \dfrac{P_T}{P_n} \times \dfrac{\omega_0}{T_j} \times \Delta t^2 \\ S_{acc} = (\delta_c - \delta_0) \times P_T \end{cases} \quad (3-13)$$

式中：δ_0 为故障开始时刻的功角；P_n 为同步机额定容量；T_j 为同步机转动惯量；ω_0 为同步机的额定转速；P_T 为同步机的机械功率。

同步机不稳定平衡点 δ_u 和系统的最大可用减速面积 S_{dec} 分别为

$$\begin{cases} \delta_u = \pi + \alpha_{12} - \arcsin\left(\dfrac{P_T - E_q^2 \sin \alpha_{11} / |Z_{11}|}{E_q U_a / |Z_{12}|} \right) \\ S_{dec} = \displaystyle\int_{\delta_c}^{\delta_u} (P_e - P_T) \mathrm{d}\delta \end{cases} \quad (3-14)$$

式中：$E_q^2 \sin \alpha_{11} / |Z_{11}|$ 为电磁功率自阻抗项；$E_q U_a / |Z_{12}|$ 为电磁功率互阻抗项的幅值。

（3）风机接入对暂态功角稳定性的影响。图 3-9 为 DFIG 接入系统故障清除后的等效电路图。

如图 3-9 所示，故障清除后传输线路单回运行，由于本节考虑的是 DFIG 有功恢复特性对系统暂

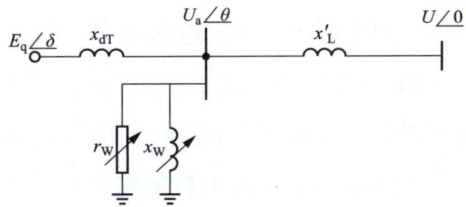

图 3-9　DFIG 接入系统故障清除后等效电路图

态特性的影响，因此在下列计算中暂时不考虑 DFIG 无功功率。则此时系统自阻抗 Z_{11}、互阻抗 Z_{12} 的计算式同式（3-10）和式（3-11），其中线路阻抗变为 x'_L。

在故障清除后前期，DFIG 的有功出力 $P_{wc} < P_w$。由于 x'_L 的值很小，相比较远小于 U_a，因此 $|a'_{11}|$ 随 P_w 的减小而减小，b'_{11} 随 P_w 的减小而增大，且 $|a'_{11}|$ 也远小于 $|b'_{11}|$。电磁功率的自阻抗项为

$$E_q^2 \sin \alpha_{11} / |Z_{11}| = \frac{-a_{11} E_q^2}{a_{11}^2 + b_{11}^2} \quad (3-15)$$

由式（3-15）可知，当 P_W 减小时，自阻抗项模值也随之减小，同步机电磁功率曲线向上移动，有利于系统功角稳定。

互阻抗实部 a_{12} 以及余角 α_{12} 均大于零，随着 P_W 的减小，a_{12} 和 α_{12} 也均减小，虚部 b_{12} 保持不变，因此互阻抗 $|Z_{12}|$ 也随之减小，同步机电磁功率曲线向左上方移动，有利于系统功角稳定。图 3-10 为负负荷接入系统和 DFIG 接入系统在故障清除后电磁功率随时间变化的曲线。

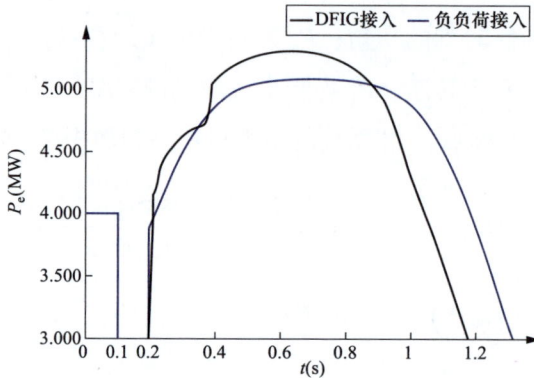

图 3-10 故障清除后两种系统的同步机电磁功率曲线

如图 3-10 所示，由于 DFIG 有功功率在故障清除后不能马上恢复到额定功率，因此同步机增发电磁功率，即 $P'_e > P_e$。

DFIG 等出力置换火电出力时，故障前的功率输出与负负荷提供的功率相同，因此同步机故障清除时刻功角 δ'_c 和加速面积 S'_{acc} 与上节不变。

风电等新能源出力替换同步机后的不稳定平衡点 δ'_u 和最大可用减速面积 S'_{dec} 计算式同式（3-14）。

根据上文分析可知

$$\begin{cases} \delta'_u - \delta'_c > \delta_u - \delta_c \\ P'_e > P_e \end{cases} \qquad (3-16)$$

从而有 $S'_减 > S_减$。

图 3-11 为负负荷接入系统和 DFIG 接入系统在故障清除后同步机功角曲线对比图。

如图 3-11 所示，当 DFIG 接入时，同步机最大摆角减小，有利于系统功角稳定性。而且 DFIG 有功恢复速率越低，系统功角稳定性越高。

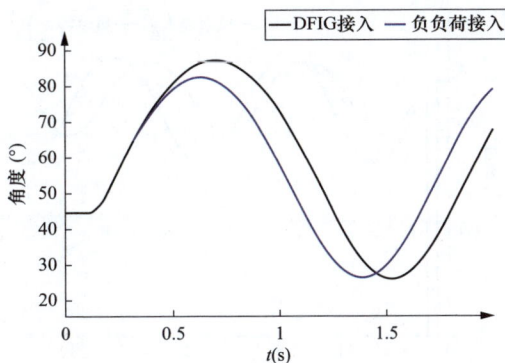

图 3-11 故障清除后两种系统的同步机功角曲线

DFIG 在故障期间进入低电压穿越模式，并向系统提供无功支撑，且在故障清除后维持一段时间。考虑到 DFIG 发出的无功功率，此时系统的自阻抗 Z_{11} 和互阻抗 Z_{12} 分别为

$$
\begin{aligned}
Z_{11} &= \mathrm{j}x_{\mathrm{dT}} + (r_{\mathrm{W}}) \, / \, / \, (\mathrm{j}x_{\mathrm{W}}) \, / \, / \, (\mathrm{j}x'_{\mathrm{L}}) \\
&= \frac{-P_{\mathrm{W}} x_{\mathrm{L}}'^2 U_{\mathrm{a}}^2}{(U_{\mathrm{a}}^2 - Q_{\mathrm{W}} x'_{\mathrm{L}})^2 + P_{\mathrm{W}}^2 x_{\mathrm{L}}'^2} + \mathrm{j}\left[x_{\mathrm{dT}} + \frac{x_{\mathrm{L}} U_{\mathrm{a}}^2 (U_{\mathrm{a}}^2 - Q_{\mathrm{W}} x'_{\mathrm{L}})}{(U_{\mathrm{a}}^2 - Q_{\mathrm{W}} x'_{\mathrm{L}})^2 + P_{\mathrm{W}}^2 x_{\mathrm{L}}'^2}\right] \quad (3-17) \\
&= a_{11} + \mathrm{j}b_{11} = |Z_{11}| \; \underline{/\phi_{11}}
\end{aligned}
$$

$$
\begin{aligned}
Z_{12} &= \mathrm{j}(x_{\mathrm{dT}} + x'_{\mathrm{L}}) + \frac{\mathrm{j}x_{\mathrm{dT}} \cdot \mathrm{j}x'_{\mathrm{L}}}{(r_{\mathrm{W}}) \, / \, / \, (\mathrm{j}x_{\mathrm{W}})} \\
&= \frac{P_{\mathrm{W}} x_{\mathrm{dT}} x'_{\mathrm{L}}}{U_{\mathrm{a}}^2} + \mathrm{j}\left(x_{\mathrm{dT}} + x'_{\mathrm{L}} - \frac{Q_{\mathrm{W}} x_{\mathrm{dT}} x'_{\mathrm{L}}}{U_{\mathrm{a}}^2}\right) \quad (3-18) \\
&= a_{12} + \mathrm{j}b_{12} = |Z_{12}| \; \underline{/\phi_{12}}
\end{aligned}
$$

DFIG 在故障期间以及故障清除后的一段时间发出无功功率，可以视作在高压母线处并联无功补偿装置，在故障发生时补偿无功，对高压母线的电压幅值 U_{a} 具有提升作用，如图 3-12 所示。

由于 x'_{L} 的值很小，远小于 U_{a}。因此 $U_{\mathrm{a2}} - Q_{\mathrm{W}} x'_{\mathrm{L}} \to U_{\mathrm{a2}}$，所以 $|a_{11}|$ 随 U_{a} 的增大而减小，b_{11} 随着 U_{a} 的增大而增大。自阻抗表达式如式（3-17）所示，当 U_{a} 增大时，自阻抗项模值也随之减小，同步机电磁功率曲线向上移动，有利于系统功角稳定。

易得到互阻抗实部 a_{12} 随着 U_{a} 的增大而减小，然而互阻抗虚部 b_{12} 随 U_{a} 的增大而增大，随 Q_{W} 的增大而减小。又由于补偿无功对高压母线电压幅值

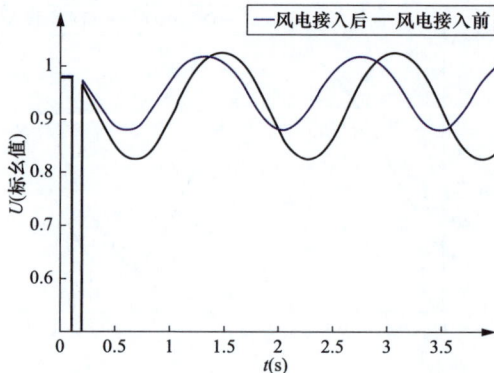

图 3-12　故障清除后高压母线电压幅值

提升作用不大，因此在对互阻抗虚部进行分析时 Q_W 的变化占主导因素，所以 b_{12} 将随之减小，因此互阻抗 $|Z_{12}|$ 也随之减小。互阻抗项余角 α_{12} 的正切值 $\tan \alpha_{12}$ 为

$$\tan \alpha_{12} = \frac{P_W x_{dT} x'_L}{(x_{dT} + x'_L)U_a^2 - Q_W x_{dT} x'_L} \qquad (3-19)$$

式中，$x_{dT} + x'_L \gg x_{dT} x'_L$，因此 U_a 的变化对 $\tan \alpha_{12}$ 占主导因素，随着 U_a 的增加，$\tan \alpha_{12}$ 将减小，即 α_{12} 将减小，因此同步机电磁功率曲线向左上方移动，有利于系统功角稳定。

综上所述，风电机组等出力置换同步机出力接入系统后，同步机功角曲线将向右下方向移动，且同步机初始功角随风电比例的增加呈一定线性比例减小。风机等出力置换同步机出力时，风机的有功慢恢复特性增加了系统的减速面积，提高了系统暂态稳定性，同时由于风机在系统故障后的无功功率支撑提升了高压母线的电压，同时也增加了系统的减速面积，从而提高了系统暂态稳定性。

3.1.1.4　新能源对系统暂态频率的影响机理

风电、光伏以及储能等新能源通过并网变换器接入电网。风力涡轮机具有可用的动能量，存储在其叶片、齿轮箱和发电机中。光伏发电因为不涉及旋转部件，除了电容器中的能量外，没有可用的存储能量。相比于光伏与储能并网，风机转子通过背靠背的双 PWM 变换器接入电网，所以控制更为复杂，以双馈感应发电机组为例分析新能源并网对电网等效惯性产生的影响。

传统的"电流源型"控制输出的双馈感应发电机控制结构如图 3-13 所示。

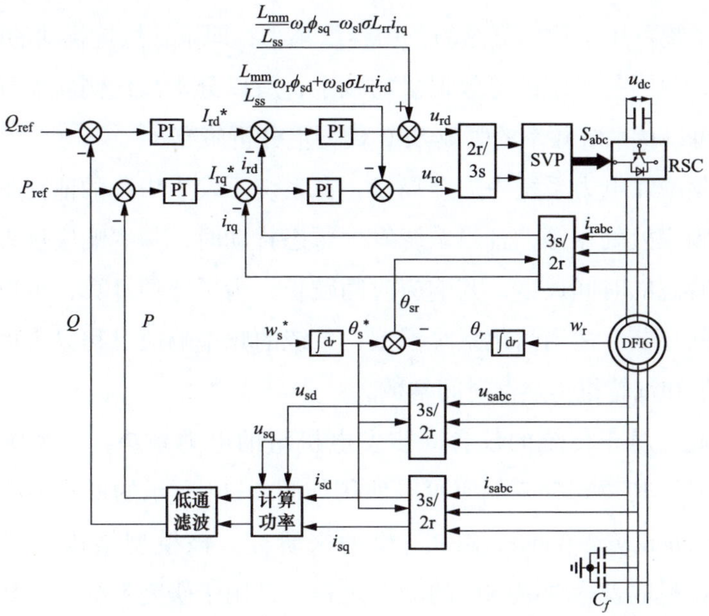

图 3-13 传统的"电流源型"控制输出的双馈感应发电机控制结构

P_{ref}、Q_{ref}—有功功率和无功功率给定值；i_{rd}、i_{rq}—转子电流在 d 轴和 q 轴上的分量；

u_{rd}、u_{rq}—转子电压在 d 轴和 q 轴上的分量；u_{sabc}、i_{sabc}—定子电压和定子电流的三相值；

u_{dc}—直流侧电压；θ_r、ω_r—转子的角度位置和角速度；θ_s、ω_s—定子的角度位置和角速度；

L_m、L_s、L_r—互感、定子电感和转子电感；P、Q—有功功率和无功功率实际测量值

控制外环为双馈感应发电机的输出功率，同时电网电气量经过 Park 变换，实现与电网频率的解耦。即在发生扰动时，风电机组将不能响应系统的频率变化，只是单纯地维持输出功率不变。所以在系统稳态时，不考虑风速变化，可将风机等效为一个负的恒功率源；系统发生小扰动时，风机并网点电压不发生剧烈变化，电力电子设备的快速响应使得风机快速保持输出稳定功率；系统发生大扰动时，双馈感应发电机对外等效负阻抗，即

$$\begin{cases} r = -\dfrac{u_s^2}{P_e} \\[3mm] x = -\dfrac{u_s^2}{Q_e} \end{cases} \tag{3-20}$$

尽管风电机组转子以一定转速旋转，存储旋转动能，但风电机组转速仍

然跟踪风速，因此风电机组在频率受扰后不再释放或吸收旋转动能，其转子存储动能对电力系统惯量支撑贡献几乎为零。导致在系统发生等比例的功率扰动时，系统可用于功率支撑的备用容量减小，即系统抵抗扰动的能力减小。综上所述，原因是系统的等效惯量的减小，所以分析高比例新能源与电网的交互影响可以从系统频率的等效 SFR 模型上分析研究。

由于频率在电力系统中为全局量，在系统不发生失稳的前提下，可认为系统中的频率处处相等，且当系统发生暂态扰动时，频率响应过程的时间尺度为机电暂态的时间尺度，其响应时间较长，为了方便计算，可以忽略时间尺度较小的环节，适当简化系统模型，系统的频率响应过程只考虑大惯量的发电机转子和汽轮机再热器时间常数。

基于此，对于传统的仅含同步发电机组的电力系统，在系统发生有功负荷扰动时，其暂态频率响应可以使用如图 3-14 所示的低阶系统频率响应（system frequency response，SFR）模型来研究。该模型结构简单，计算量小，且能直观地表达频率响应的动态过程，是用于研究系统频率稳定的重要工具。

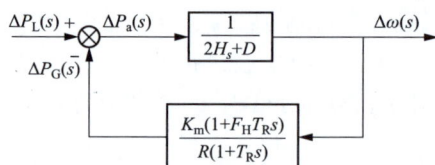

图 3-14　低阶 SFR 模型

ΔP_L—系统的负荷扰动功率；ΔP_a—系统等值发电机所承担的不平衡功率；ΔP_G—系统等值发电机在调速器作用下的机械功率变化量；H—系统等值发电机的惯性时间常数，反映系统的整体惯量水平；D—系统等值同步机的等效阻尼系数，反映系统的阻尼特性；K_m—常系数，该系数由功率因数与系统中等值发电机备用系数之间的关系决定，通常取为 1；R—系统等值发电机调速器的下垂系数，表征等值同步机的下垂特性；F_H—等值发电机高压锅炉输出功率占比；T_R—等值发电机的汽轮机再热器时间常数；$\Delta\omega$—频域下系统频率偏差

由图 3-14 可以看出，该低阶 SFR 模型主要由等值后的发电机转子运动方程来表示其前向通道，由调速器来表示其反馈通道。

由图 3-14 可列写如下方程

$$\begin{cases} 2H\dfrac{\mathrm{d}\Delta\omega}{\mathrm{d}t} = \Lambda P_\mathrm{d} - \Delta P_\mathrm{G} - D\Delta\omega \\ \Delta P_\mathrm{G} = G_s(s)\Delta\omega \\ G_s(s) = \dfrac{K_\mathrm{m}(1+F_\mathrm{H}T_\mathrm{R}s)}{R(1+T_\mathrm{R}s)} \end{cases} \quad (3\text{-}21)$$

系统频率偏差的计算式为

$$\Delta\omega(s) = \frac{\Delta P_\mathrm{d}(s)R(1+T_\mathrm{R}s)}{2HT_\mathrm{R}Rs^2 + (2HR + T_\mathrm{R}DR + K_\mathrm{m}F_\mathrm{H}T_\mathrm{R})s + RD + K_\mathrm{m}} \quad (3\text{-}22)$$

通常用阶跃函数来描述瞬时功率扰动，即

$$\Delta P_\mathrm{d}(s) = \frac{\Delta P_\mathrm{L}}{sS_\mathrm{B}} \quad (3\text{-}23)$$

式中：ΔP_L 为扰动功率实际大小；S_B 为系统总容量。

电力系统承载风电等电力电子化电源后，电力电子化电源和同步发电机组一起平衡负荷功率。因为风电等电力电子化电源不具有惯性响应和一次调频能力，系统频率扰动时并不改变出力。假设原来有 n 台同步机的系统再并入 m 台风机，定义电力系统风电占比为并网风电容量与系统总装机容量的比值为

$$\alpha = \frac{\displaystyle\sum_{j=1}^{m} S_j}{\displaystyle\sum_{i=1}^{n} S_i + \sum_{j=1}^{m} S_j} \quad (3\text{-}24)$$

式中：α 为电力系统中风电占比；S_j 为第 j 台风机的额定容量；n 和 m 分别同步机和风机的台数。

风电并网导致系统规模扩大，维持风电并网前后扰动规模不变。

$$\frac{\Delta P_\mathrm{L}'}{\displaystyle\sum_{i=1}^{n} S_i + \sum_{j=1}^{m} S_j} = \frac{\Delta P_\mathrm{L}}{\displaystyle\sum_{i=1}^{n} S_i} \quad (3\text{-}25)$$

式中：$\Delta P_\mathrm{L}'$ 为风电并网后扰动功率实际大小。

根据式（3-25）可得

$$\Delta P_{\mathrm{L}}' = \frac{\Delta P_{\mathrm{L}}\left(\sum_{i=1}^{n} S_i + \sum_{j=1}^{m} S_j\right)}{\sum_{i=1}^{n} S_i} = \frac{\Delta P_{\mathrm{L}}}{1-\alpha} \qquad (3\text{-}26)$$

风机不参与频率控制情形下,风机转子不响应系统频率变化,图 3-15 模型中等值机惯性时间常数和调速器的调差系数可表示为

$$\begin{cases} H' = \dfrac{\sum\limits_{i=1}^{n} S_i H_i}{\sum\limits_{i=1}^{n} S_i + \sum\limits_{j=1}^{m} S_j} = \dfrac{\sum\limits_{i=1}^{n} S_i}{\sum\limits_{i=1}^{n} S_i + \sum\limits_{j=1}^{m} S_j} \times \dfrac{\sum\limits_{i=1}^{n} S_i H_i}{\sum\limits_{i=1}^{n} S_i} = (1-\alpha)H \\[4mm] \dfrac{1}{R'} = \dfrac{\sum\limits_{i=1}^{n} S_i \dfrac{1}{R_i}}{\sum\limits_{i=1}^{n} S_i + \sum\limits_{j=1}^{m} S_j} = \dfrac{\sum\limits_{i=1}^{n} S_i}{\sum\limits_{i=1}^{n} S_i + \sum\limits_{j=1}^{m} S_j} \times \dfrac{\sum\limits_{i=1}^{n} S_i \dfrac{1}{R_i}}{\sum\limits_{i=1}^{n} S_i} = (1-\alpha)\dfrac{1}{R} \end{cases} \qquad (3\text{-}27)$$

式中: H' 和 R' 分别为不参与频率控制的风机并网后的系统等值机惯性时间常数、阻尼系数和调速器的调差系数。

根据式(3-27)分析可知,不参与频率控制的风机并网,将降低系统的等值惯性时间常数、阻尼系数和调速器的调差系数,下降幅度与风电占比 α 相等。

将式(3-27)各参数代入图 3-15 中,可得不参与一次调频风机并网后的电力系统频率响应模型,如图 3-15 所示。

据图 3-15 建立方程,即

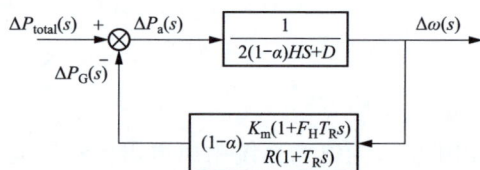

图 3-15 风机并网后的电力系统频率响应模型

$$\begin{cases} 2(1-\alpha)H \dfrac{d\Delta\omega}{dt} = \Delta P_{\mathrm{d}} - \Delta P_{\mathrm{G}} - D\Delta\omega \\[2mm] \Delta P_{\mathrm{G}} = G_{\mathrm{s}}(s)\Delta\omega \\[2mm] G_{\mathrm{s}}(s) = (1-\alpha)\dfrac{K_{\mathrm{m}}(1+F_{\mathrm{H}}T_{\mathrm{R}}s)}{R(1+T_{\mathrm{R}}s)} \end{cases} \qquad (3\text{-}28)$$

由此可以看出,系统的暂态频率响应特性受风电占比的影响,不同风电占比场景下风电不参与频率控制时系统频率响应曲线如图 3-16 所示。

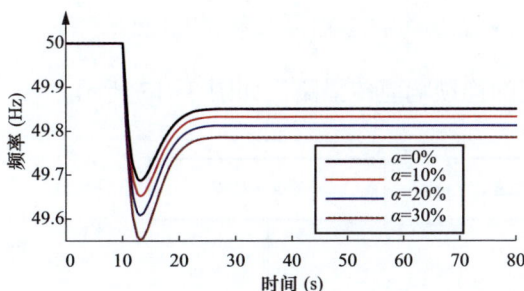

图 3-16　风电不参与频率控制时不同风电占比场景下
系统频率响应曲线

由图 3-16 可以看出，系统频率跌落幅度和稳态频率偏差均随着风电占比增加而变大，而稳态频率偏差能反映系统一次调频能力。据此可得出结论，不参与频率控制的风电机组并网将削弱电力系统一次调频能力，增加系统稳态频率偏差。随着风电占比增加，电力系统一次调频能力下降，稳态频率偏差增加。当风电占比为 20% 时，系统频率偏差没有超过 0.2Hz（稳态频率偏差上限值），当风电占比增加到 30% 时，由于系统单位容量的一次调频能力减弱，系统稳态频率偏差超过 0.2Hz。

当新能源不参与调频时，光伏、储能等与交流系统之间的作用机理相似。综上所述，新能源不参与电力系统频率响应时，随新能源渗透率 α 不断提高，将改变系统的等值惯性时间常数及调速器的调差系数。等值惯性时间常数减小，将使快速惯性响应阶段系统提供有功功率支撑的动态响应能力减弱；调速器调差系数的倒数等比减小，将影响系统在一次调频阶段内进一步提供功率支撑、调节动态频率的发电能力。因此，电力系统在遭受频率扰动后的恢复能力减弱。

3.1.2　交直流故障传播规律

对于交直流混联电网，新能源不确定性因素引起的新能源并网点电压和控制特性不满足新能源设备抗扰动能力要求是影响电网故障传播的重要影响因素，新能源并网点电压和控制特性又取决于电网故障、电网运行状态、新能源出力、新能源控制保护策略、新能源脱网策略、电网和直流控制保护等，且多种因素交互影响，导致新能源不确定性引起的电网故障传播演化规律复杂、控制难度大。

3.1.2.1 交流故障连锁响应路径及影响因素

交流故障引起的连锁响应传播路径如图 3-17 所示。

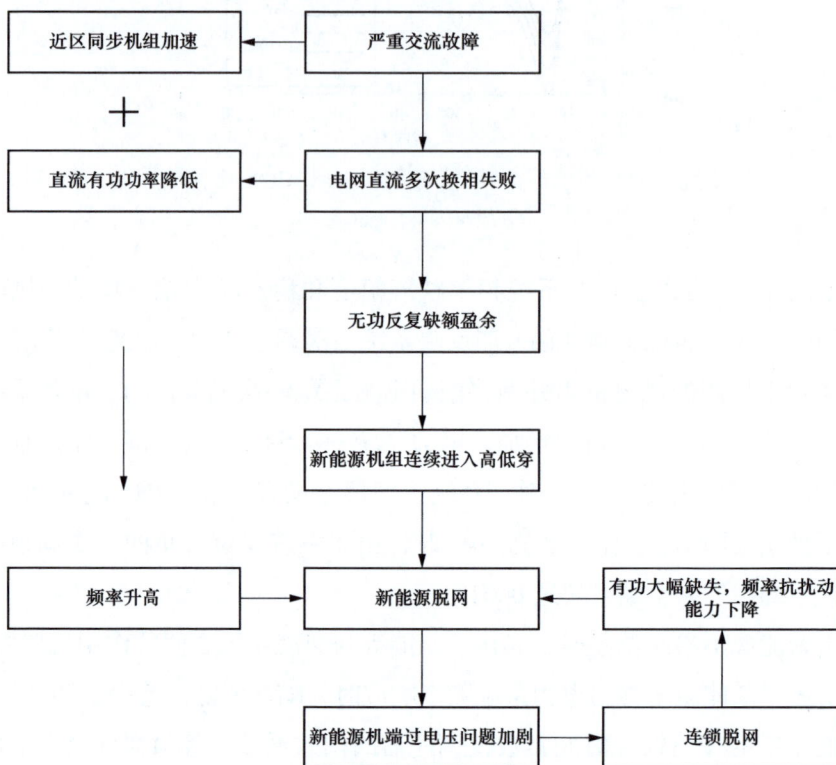

图 3-17　交流故障引起的连锁响应传播路径

对于交直流混联网电网，当受端电网发生严重交流故障时，直流发生多次换相失败，引起送端直流近区无功反复缺额、盈余，新能源机组连续进入低穿、高穿，新能源因高电压穿越或低电压穿越能力不足导致大范围连锁脱网，引起送端电网有功大幅缺失，频率异常，剩余新能源机组因抗频率扰动能力不足发生连锁脱网；送端电网发生严重交流故障时，多回直流有功功率大幅降低，系统频率大幅升高，造成新能源大范围连锁脱网，极易引发大面积停电。

3.1.2.2 直流故障连锁响应路径及影响因素

直流故障连锁响应路径及传播规律如图 3-18 所示。

```
┌─────────────────┐
│     直流闭锁      │
└─────────────────┘
         │
         ▼
┌─────────────────┐
│  直流近区无功应盈余  │
└─────────────────┘
         │
         ▼
┌─────────────────┐
│  送端母线过电压，新能源高  │
│       穿脱网       │
└─────────────────┘
         │
         ▼
┌─────────────────┐
│     过电压加剧     │
└─────────────────┘
         │
         ▼
┌─────────────────┐      ┌─────────────────┐
│   新能源连锁脱网   │◄─────│  有功大幅缺失，频率抗扰动  │
└─────────────────┘      │     能力下降     │
         │               └─────────────────┘
         ▼                        ▲
┌─────────────────┐      ┌─────────────────┐
│    有功大幅缺失   │─────►│    频率大幅下降   │
└─────────────────┘      └─────────────────┘
```

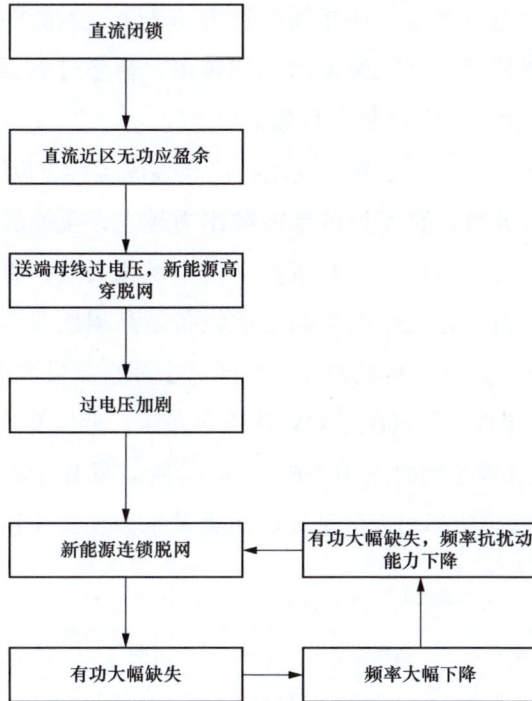

图 3-18　直流故障连锁响应路径及传播规律

对于送端电网，特高压直流发生故障后，直流近区无功功率大幅盈余，引起近区新能源机端母线电压大幅抬升，新能源因过电压大范围脱网，同时又造成全网无功进一步盈余，电压大幅抬升，其他区域新能源发生连锁脱网，造成电网有功大幅缺额，系统频率大幅降低，部分新能源机组因抗频率扰动能力不足而连锁脱网，引发大面积停电。

3.1.2.3　新能源不确定性对直流输送能力的影响

新能源富集地区，交直流故障均可引起新能源机端暂态过电压问题，新能源场站暂态过电压主要受两个直接因素影响：① 交流电网强度；② 注入交流系统的无功水平。交流电网强度越弱，交直流故障导致注入交流电网的无功越多，新能源场站暂态过电压越严重。直流功率、新能源出力、新能源的控制参数都是通过注入交流电网的无功来影响新能源场站暂态过电压。

在相同的新能源出力下，直流功率越大，换流站投入的无功补偿越大，换相失败及直流闭锁过程中注入交流电网的无功越大，直流故障引起的近区新能源场站暂态过电压严重。在相同的直流功率下，新能源出力越大，交直流故障后近区线路轻载，新能源发出无功越多，暂态过电压越大。直流输送能力与新能源出力呈现"跷跷板"现象。

以即将投运的 ±800kV 宁夏—湖南特高压直流工程（以下简称宁湘直流）为例，经研究校核分析，直流近区新能源出力越大，直流故障引起的暂态过电压问题越严重，为了保证"宁湘直流"发生换相失败、再启动及闭锁等故障期间近区新能源暂态过电压满足新能源设备最高耐压要求，不发生新能源大面积连锁脱网事件，近区新能源大发期间，宁湘直流最大送电功率仅为 650 万 kW。如果"宁湘直流"800 万 kW 满功率外送，近区 900 万 kW 新能源最大出力仅为 360 万 kW（同时率为 40%），配套新能源出力受限严重。

"宁湘直流"输送功率与近区新能源出力关系如表 3-1 所示。

表 3-1　　　　　　　"宁湘直流"输送功率与近区新能源出力关系

直流功率（万 kW）	新能源出力（万 kW）/ 同时率	暂态过电压（标幺值）
800	720/80%	0.359
	540/60%	0.339
	450/50%	0.305
	360/40%	0.289
500	720/80%	0.259
600		0.278
650		0.295
800		0.359

3.2　新能源接纳能力量化评估及综合控制技术

3.2.1　新能源接纳规模量化评估方法

新能源大规模接入后，电网电压支撑能力下降，由于新能源采用电流控制，因此当其参考电压不够稳定时，电网若发生扰动，则新能源可能会振荡失稳。多新能源场站间相互影响的新能源多场站短路比（multiple renewable energy station short circuit ratio，MRSCR）指标避免了传统短路比推导所需的强假设条件，具有更为详细和完备的计算公式，并兼备不同节点之间各电气量的幅值、相位差和新能源发电设备注入无功的影响，适用于各类不同场景下多新能源场站接入系统电压强度评估计算。

新能源发电在不同扰动工况下的切换控制逻辑和暂态特性，揭示装备间动态交互作用引起系统电压波动的机理，计及系统阻抗比及不同节点之间各电气量幅值和相位差，新能源多场站短路比可表示为

$$MRSCR_i = \frac{S_{ki}}{(P_{gi} + jQ_{gi}) + \sum_{j=1, j \neq i}^{n}[(P_{gj} + jQ_{gj}) \cdot IF_{ij}]} \qquad （3-29）$$

式中：S_{ki} 为新能源场站 i 处的短路容量；P_{gi} 为新能源场站 i 处的额定容量或当前有功出力；Q_{gi} 为新能源场站 i 处的额定容量或当前无功出力；P_{gj} 为新能源场站 j 处的额定容量或当前有功出力；Q_{gj} 新能源场站 j 处的额定容量或当前无功出力；IF_{ij} 为新能源场站 j 相对于 i 的电压交互影响因子，复数形式。

与传统多馈入直流短路比类似，新能源多场站短路比反映了多新能源场站接入系统的电压强度及电网对新能源发电设备电网侧接入点/场站并网点母线无功电压支撑能力的大小。进一步考虑新能源场站内升压变压器等值阻抗后的等效电路如图 3-19 所示。

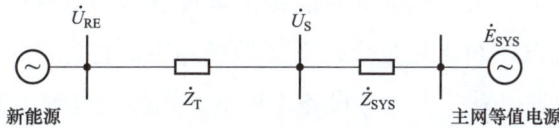

图 3-19　新能源发电设备经变压器接入系统等效电路

$\dot{U}_{RE}$—新能源发电设备电网侧接入点交流母线电压；$\dot{U}_S$—场站并网点母线电压；
$\dot{E}_{SYS}$—交流系统侧等效电压；$\dot{Z}_T$—变压器及线路等效阻抗；$\dot{Z}_{SYS}$—交流系统戴维南等值阻抗

单位电压下新能源发电设备电网侧接入点短路比 $RSCR_G$ 与新能源场站并网点短路比之间 $RSCR_S$ 的关系为

$$\frac{1}{RSCR_G} = \frac{1}{RSCR_S} + |Z_T| \qquad （3-30）$$

不同新能源并网逆变器的新能源发电设备电网侧接入点短路比 $RSCR_G$ 在 1.1～1.8 之间时，会出现临界不稳定现象。近年来，结合运行实际，国内外对接入弱系统的新能源发电设备性能提出了要求，比如，澳大利亚电网要求任何发电设备均需在接入点短路比为 1.5 的系统条件下能够稳定运行。从工程实

际需求角度，选取系统中新能源发电设备接入点处的 $RSCR_G$ 为 1.5 作为基本运行条件。进一步，新能源发电设备电网侧接入点短路比为 $RSCR_G = 2$ 时，可保证不同性能新能源发电设备的并网稳定性，所接入的交流系统属于较强系统水平。

根据新能源多场站短路比的数值划分新能源场站接入电网的强弱程度，具体划分依据为：$MRSCR_i < 1.5$，极弱；$1.5 \leqslant MRSCR_i < 2.0$，弱；$MRSCR_i \geqslant 2.0$，强。依据短路比计算结果及划分依据，可以实现对系统强度直观有效的衡量以及新能源接纳能力的评估，为新能源的规划与运行提供了重要理论依据。

3.2.2 提升新能源接纳能力综合控制技术

新能源多场站短路比对新能源机端过电压也有一定的指征能力，对于新能源场站短路比不满足要求的场站，直流故障引起的新能源暂态过电压稳定也比较严重，制约了直流输送能力和新能源接纳能力，通过限制新能源暂态过电压水平的综合技术控制措施可提升新能源接纳能力。

3.2.2.1 新能源发电设备级优化控制

并网逆变器是光伏、风电等新能源发电设备参与电网能量传输的核心，变流器控制系统设计和优化是维持新能源场站电压稳定的关键。与此同时，过电压对新能源发电系统发电侧设备（风电、光伏发电等）的运行也会造成严重影响。

具体而言，风电场站在发出有功功率的同时需要吸收一定的无功功率，造成大规模风电近区存在电压稳定性风险。此外，并网导则要求风电机组在低电压穿越阶段发出一定的无功，但在故障切除后风电场的无功补偿装置往往无法及时切换回正常控制模式，导致风场并网点周围出现短时无功盈余，引起系统电压升高，最终造成部分风机因过电压保护动作脱网。尤其对于直流近区大规模风电汇集的特定场景，存在直流扰动引发的风电连锁脱网风险。

对于光伏电站而言，大容量的光伏并入会造成电网电压越限的概率增加，电网电压骤升易使功率发生反送，造成逆变器脱离线性工作区进入过调制工作区运行，使得系统控制裕度下降，易触发系统过压和过流保护引发光伏逆变器脱网。在特高压直流送端新能源占比较大的情况下，系统总的无功调节能力较传统电网明显下降，直流故障扰动期间送端电网的过电压问题将更加突出，从而降低送端电网的电压支撑能力，对特高压直流的直流极限输电功率构成制约。而适应高新能源占比送端电网的新能源动态控制模型拓扑与参数可缓解直流故障对送端电网的冲击作用。

在检测到电网发生故障后，新能源机组并网逆变器将切换到穿越控制模式，其有功和无功控制通常采用定电流控制。因此，若新能源机组进入低电压穿越控制状态，其有功功率将因机端电压降低而迅速降低，在低电压穿越结束后开始逐步恢复；其无功功率将在低电压穿越过程中增发以抬升机端电压，在低电压穿越过程结束后停止增发无功功率，恢复稳态无功控制策略。在不同故障扰动形式下，对于新能源场站短路比不满足要求的场站，通过优化新能源控制参数，降低新能源机端的暂态压升，提高直流的输电能力和新能源接纳能力。

3.2.2.2　快速投切电抗器

可控并联电抗器的无功出力可以连续或分级快速调节，从而抑制运行电压在小负荷方式下过高或大荷方式下过低，紧急情况下可以实现强补以抑制工频过电压和操作过电压，配合中性点电抗器还可以抑制潜供电流、降低恢复电压。可控并联抗器的投入运行，使得双回或多回线发生"N−1"故障时，可按其最大调节范围实现动态无功补偿，提高系统的电压稳定性。同时，对于系统在各种扰动下出现的振荡也能起到一定的抑制作用，提高系统的动态稳定性。在特高压电网中，在线路潮流较重时，出现三相跳闸甩负荷的情况，处于轻载运行的可控并联电抗器可快速调节到系统所需的容量，以限制工频过电压。并且，可控并联电抗器能够限制各种操作过电压，在切除空载线路时，线路上的残余电荷可经并联电抗器振荡释放，降低了断路器触头间的恢复电压，防止断路器重燃，抑制了切空载线路可能产生的较高过电压。还可用于限制线路计划性合闸、重合闸、故障解列等操作产生的过电压。

基于可控电抗器在特高压线路上对工频过电压和操作过电压的抑制能力，针对高比例新能源外送电网中故障后出现的过电压现象。快速投切电抗器利用电力电子开关的快速开关特性，可以在10ms内将电抗器投入使用，当新能源机端暂态过电压超过给定值，且电压变化率超过定值时，投入电抗器抑制暂态过电压，在电压恢复后切除电抗器。因此利用加装快速投切电抗器措施也可以限制新能源机端暂态过电压问题，快速投切电抗器示意图如图3-20所示。

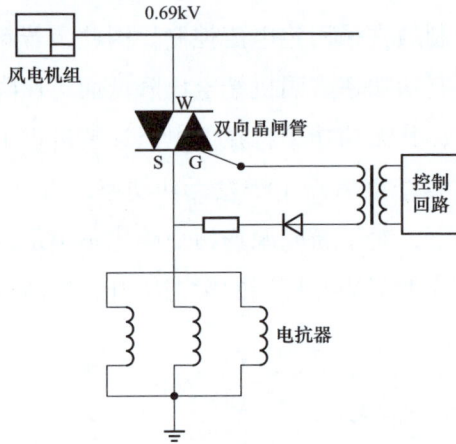

图3-20　快速投切电抗器示意图

系统发生三相故障后，投入可控电抗器可抑制暂态过电压，且投入的电抗器容量越大，抑制作用越明显，投入60Mvar电抗器可降低过电压0.114（标幺值）；系统发生单相故障期间，瞬时电压出现振荡过程，在故障尚未清除时，便已投入可控电抗器，投入60Mvar电抗器可降低过电压0.199（标幺值）；装置投入逻辑和动作时序正确，投入响应时间最小为2.5ms，最大为7.6ms，满足响应时间不大于10ms的要求。

3.2.2.3　调相机配置方案

调相机能够有效地限制新能源机端暂态过电压，提升新能源接纳能力。调相机配置方法及流程如图3-21所示。

根据新能源场站短路比计算结果，对于短路比处于极弱区域的新能源场站，通过优化新能源低穿控制参数、加装快速投切电抗器以及配置调相机等方法抑制新能源暂态过电压，进而提升直流输送能力和新能源消纳能力，具体的流程如图3-22所示。

选取多新能源场站接入
交直流混联电网

确定用于评价电网稳定
性的短路比指标

机端$MRSCR_{Gmin}$
并网点$MRSCR_{Smin}$

分别计算$MRSCR_G$
和$MRSCR_S$

是否存在短路比低于
最低指标的节点

否

是

系统无需新增
配置调相机

调相机最终配置方案

在换流站交流母线
集中配置调相机

集中配置
2台调相机

集中配置
4台调相机

···

集中配置
$2N_{Cmax}$台调相机

是否存在短路比低于
最低指标的节点

否

是

分布式调相机配置方案

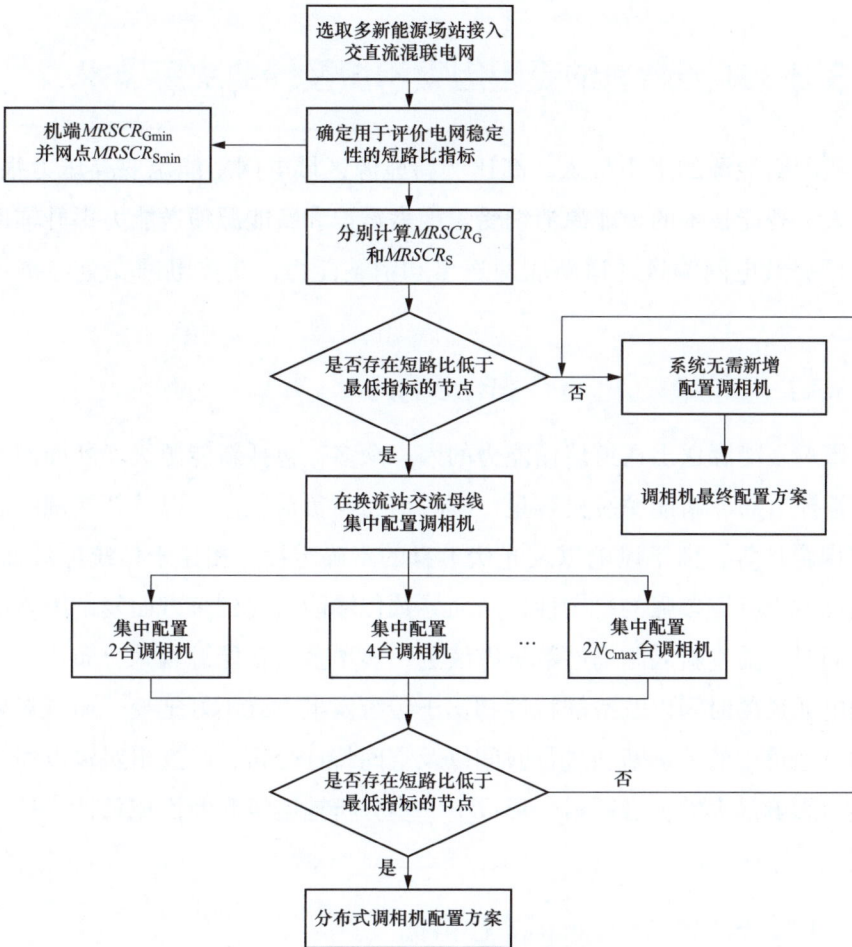

图 3-21　分布式调相机配置方案

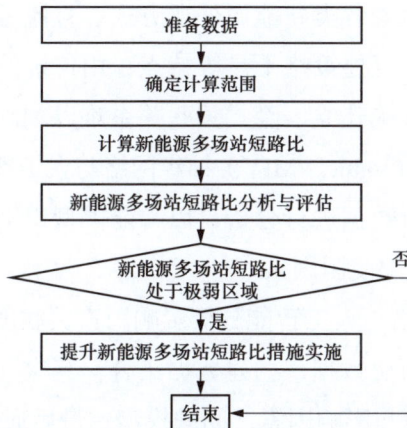

准备数据

确定计算范围

计算新能源多场站短路比

新能源多场站短路比分析与评估

新能源多场站短路比
处于极弱区域

否

是

提升新能源多场站短路比措施实施

结束

图 3-22　新能源极限接纳规模提升技术流程

3.3 新能源消纳受阻因素辨识及辅助决策技术

随着新能源的集中接入，高比例新能源区域电网新能源双弃压力很大。基于人工智能技术的新能源消纳受阻因素辨识和新能源输送能力提升辅助决策，可提升电网输送通道新能源送出和消纳能力，支撑电网安全经济可靠运行。

3.3.1 新能源送出通道受阻影响因素

影响新能源送出通道传输能力的因素众多，包括新能源级联断面网架结构、潮流分布、新能源装机容量、实时出力与负荷数据，以及新能源级联断面的耦合性等，由于风电以及光伏本身的不确定性，相比于传统能源而言，新能源发电具有较强的复杂性，从而导致传输能力受到多方面复杂因素的影响。同时，随着新能源场站数量继续进一步增多，新能源场站分布广，新能源输电通道的时间以及空间特性相比于传统发电方式不好把控。通过对新能源输电通道中的关键断面进行时间以及空间特性分析，筛选出对输电通道传输能力影响最大的关键因素，形成下一步分析输电级联断面相关性指标的数据集。

3.3.2 输电级联断面相关性指标

针对新能源高占比地区长链式、多级接力送电通道，运行时级联输电断面耦合，通道送电能力受各类新能源外送方式、直流可回降量等多种因素影响，运行方式组合多、可控策略不足等特点，用传统的物理驱动模型计算断面稳定限额模型难以准确建立、隐式关联关系难以刻画的难题，通过基于平均影响值（mean impact value，MIV）神经网络与人工智能分析影响因素关联度的方法，对历史运行数据进行分析，以智能模型识别制约电网输电通道传输效率的关键断面与重要受阻因素。

基于 MIV 神经网络与人工智能分析影响因素关联度的方法主要分为三个整体步骤，首先获取历史数据，构建数据集合；其次，建立人工智能神经网络，形成新能源受阻量与影响因素之间的模型；最后通过 MIV 算法计算模型中各个影响因素之间的灵敏度和贡献度。

第一步，获取历史数据，构建数据集合。分析受阻断面的级联关系，整理出主要的受阻断面，并结合区域的受阻断面网架图，得到新能源受阻的可能因素合集 S_1，S_1 包括新能源受阻相关的交流线路的实时功率，变电站主变压器实时功率及对应限额，以及受影响的直流线路的实时功率，区域整体实时负荷，区域整体发电实时功率，区域整体火电和水电发电实时功率等，从电网历史数据中提取出地区电网数据，采样间隔为 15min，获取所需要的数据集合。清洗、计算并整理获取的数据，获得输入矩阵 X，包括新能源受阻相关交流线路、直流线路、变电站主变压器的实时功率、区域整体的发电负荷等、输出向量 Y，即新能源受阻电量。

第二步，建立人工智能神经网络，形成新能源受阻量与影响因素之间的模型。对于收集到的电网数据集，通过多次训练，采用 Adam 优化器，使用优化的随机梯度下降算法建立神经网络模型，同时通过不断地训练和参数调整来计算出隐藏层个数以及神经元个数，以保证神经网络的准确性。

第三步，通过 MIV 算法计算模型中各个影响因素之间的灵敏度和贡献度。具体方法如图 3-23 和图 3-24 所示。

提出了基于 BP-MIV 算法的新能源消纳受阻关键断面智能识别模型，并用宁夏电网运行数据实验验证，使用宁夏地区 2020 年全年的新能源历史数据，由于可能受到的全年时间维度以及风电、光伏的不同特性的影响，将数据分割为多个历史数据集，同时数据建立了多个不同维度下宁夏地区新能源受阻情况的人工智能分析数学模型，对联网通道内的电网运行历史数据进行分析计算，从而得出在不同的数据层面，历史数据集合中，各个因素对于新能源受阻量影响的贡献度，采用不同维度下的贡献度多少来识别判断制约通道输电能力、新能源消纳受阻的关键断面。以全年的新能源受阻总量作为输出数据集时，贡献度结果如图 3-25 所示。其中贡献度前五名的数据如表 3-2 所示。

表 3-2   2020 年宁夏全年受阻总量贡献度前五名

数据集名称	电压（kV）	贡献度
黄河主变压器实时功率	750	0.208

数据集名称	电压（kV）	贡献度
银川东主变压器实时功率	750	0.196
大侯黄侯断面实时功率	330	0.091
沙坡头主变压器实时功率	750	0.051

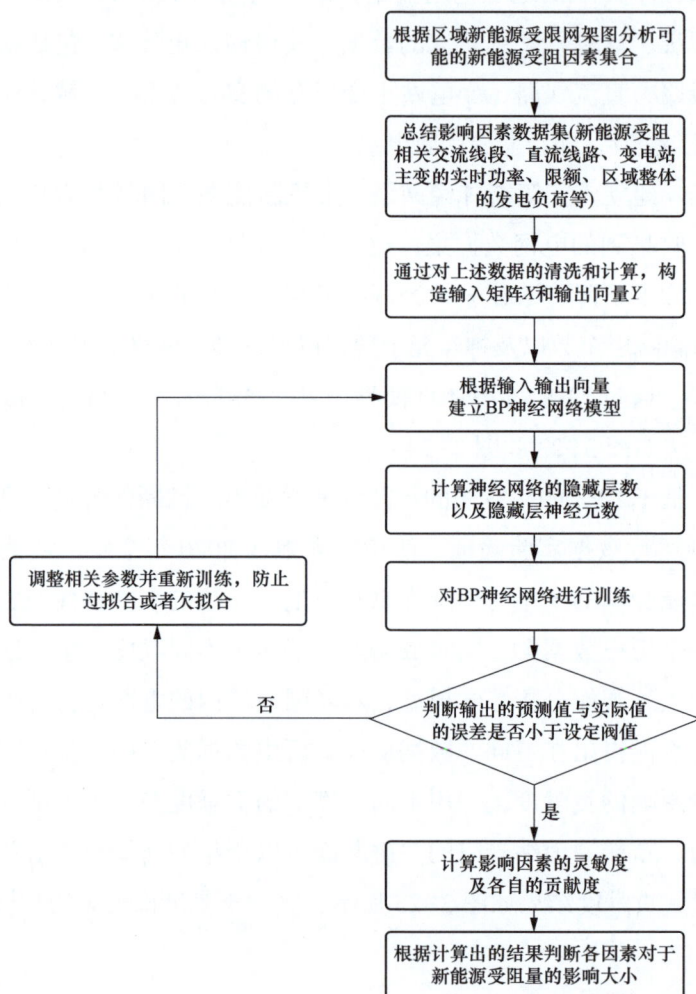

根据区域新能源受限网架图分析可能的新能源受阻因素集合

总结影响因素数据集(新能源受阻相关交流线段、直流线路、变电站主变的实时功率、限额、区域整体的发电负荷等)

通过对上述数据的清洗和计算，构造输入矩阵X和输出向量Y

根据输入输出向量建立BP神经网络模型

计算神经网络的隐藏层数以及隐藏层神经元数

对BP神经网络进行训练

调整相关参数并重新训练，防止过拟合或者欠拟合

判断输出的预测值与实际值的误差是否小于设定阀值

否

是

计算影响因素的灵敏度及各自的贡献度

根据计算出的结果判断各因素对于新能源受阻量的影响大小

图3-23 新能源受阻因素的反向传播神经网络算法框架

可以看出，从基于全年的新能源受阻总量的 BP-MIV 模型来看，黄河 750kV 主变压器数据集的贡献度为 0.208，略高于排名第二的银川东 750kV 主变压器的贡献度（0.196）。排名第三的是大侯黄侯断面实时功率，贡献度为 0.091，明显小于黄河主变压器和银川东主变压器的数据集对整体模型的影响。贡献度排名第四和第五的分别是沙坡头主变压器的实时功率裕度以及沙坡头主变压器的实时功率，二者均与沙坡头主变压器的实时数据相关。可以初步看出，黄河主变压器以及银川东主变压器数据集对于全年新能源受阻总量模型的影响最大，分析结果基本与基于人工计算出的结论一致。

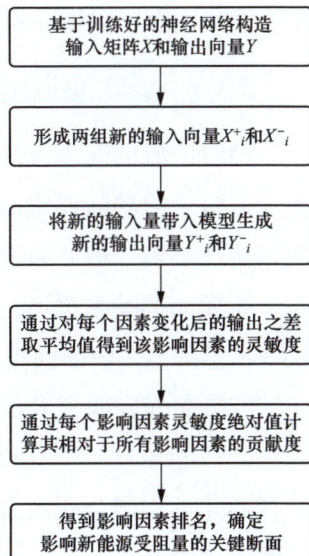

图 3-24　计算断面影响度的算法框架

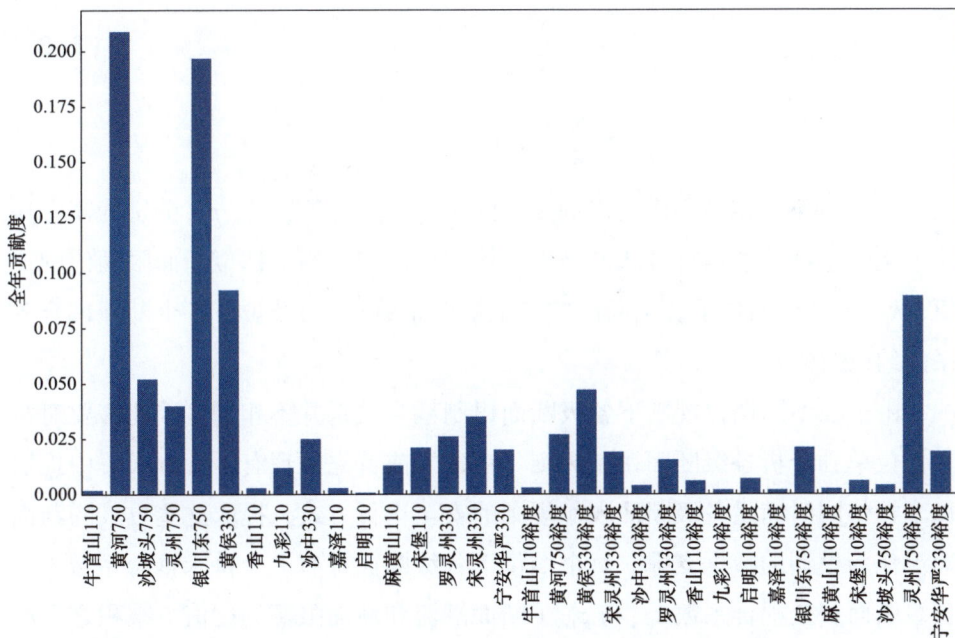

图 3-25　2020 年宁夏各地全年新能源受阻总量贡献度

提出的基于 BP-MIV 算法的新能源消纳受阻关键断面智能识别模型通过对历史运行数据的分析，智能识别制约电网输电通道传输效率的关键断面与重要受阻因素，对提高新能源消纳水平具有重大积极意义。

3.3.3 级联通道运行限额最优协调技术

针对区域电网多级断面限额可能存在的互相耦合钳制关系，首先通过基于无监督学习的断面限额定档技术，生成多类典型运行方式下各级断面限额的多档位规则。然后通过级联通道运行限额最优协调方法得出多档位规则下各级断面间的关联关系，接着通过基于优化理论的多断面运行限额协调规则发现模型得出多级断面钳制规则。

各级断面限额提升依赖于各自独立的限额分档规则，缺乏断面之间耦合约束，可能导致后续限额调整决策搜索空间冗余，影响决策效率。为此，需要找到并量化耦合断面之间的相关性约束，缩减搜索空间。对该耦合关系的建模表达式为

$$
\begin{aligned}
&\min \sum_{i=1}^{N_c} \left(\sum_{S \in \mathbb{S}} k_{c,s} p_{i,s} - r \right)^2 \\
&p_{i,s} = \frac{F_i}{\Gamma_{c,s}} \quad\quad\quad\quad\quad (3\text{-}31) \\
&\text{s.t.} \sum_{S \in \mathbb{S}} k_{c,s} p_{i,s} - r \leqslant 0
\end{aligned}
$$

式中：N_c 为某个档位下满足限额要求的运行方式总数；F_i、$p_{i,s}$ 分别为某个档位下满足限额要求运行方式的断面潮流与该潮流与当前档位断面限额值的比值；$k_{c,s}$ 为某个档位下各个断面的安全耦合系数；r 为档位下各个断面耦合关系的约束指标。

由于在不同档位规则下各级断面钳制耦合关系并不相同，因此需要对每个档位单独分析各级断面钳制规则。在建模前首先从现有运行方式集中提取每个档位同时满足各级断面限额规则的安全运行方式，提取这些方式的断面潮流作为模型的数据支撑。每个档位下各级断面都有一个待求耦合系数 $k_{c,s}$，各级断面安全耦合系数 $k_{c,s}$ 与 $p_{i,s}$（断面潮流和断面限额的比值）乘积之和满足指标变量 r 约束，通过最小化各级断面耦合系数 $k_{c,s}$ 与比值 $p_{i,s}$ 乘积之和到约束指标 r 的距离求得耦合系数，从而得到各级断面调控的钳制规则，其中约束指标 r 的值在 1 附近。钳制规则表征了多级断面中互相钳制的断面以及

其断面潮流变化特征，在后续限额决策与方式调整中，通过该钳制关系够缩减搜索空间，提高调控计算效率。

对区域电网展开分析，得到 100 个档位的多级断面限额规则，部分档位展示数据如表 3-3 所示。

表 3-3　　　　　　　　　　　　　断面分档限额规则结果

档位	甘宁断面潮流（标幺值）	甘新断面限额（标幺值）	甘青断面潮流（标幺值）	甘陕断面限额（标幺值）
档位 0	45.3296	−30.2874	−22.0687	62.7192
档位 7	62.1132	−32.4847	−15.9352	75.8011
档位 14	74.1607	−26.7812	−24.1717	56.5004
档位 21	38.0027	−21.0606	−27.035	54.4916
档位 28	76.2343	−26.6519	−42.6398	70.8374
档位 35	63.1952	−13.6244	−23.0944	57.1811
档位 42	76.464	−18.3396	−31.8472	65.0578
档位 57	59.2937	−11.5808	−24.3811	57.5756
档位 64	47.1932	−18.0708	−27.0511	33.8068
档位 69	73.8975	−30.6591	−25.5145	63.6804
档位 75	61.1965	−22.6474	−20.4839	68.5638
档位 81	30.6356	15.2246	−28.7143	36.5092
档位 91	70.518	−27.4586	−10.6618	57.6315

分析断面间分档限额的耦合关系，其关联关系如图 3-26 所示。

利用所提钳制条件模型对每个档位内满足档位断面限额约束的运行方式进行优化求解得耦合系数，得到各个档位的钳制关系，其中档位 94 的钳制关系如表 3-4 所示。

表 3-4　　　　　　　　　　　档位 94 断面钳制关系

断面	甘宁断面	甘新断面	甘青断面	甘陕断面
耦合系数	0.564	2.96×10^{-9}	5.67×10^{-10}	0.5443

由图 3-26 可见，甘新断面与甘青断面耦合系数很小，不存在明显耦合关系，而甘宁断面与甘陕断面耦合系数较大，存在较强相关性。上述钳制关系属于线性模型，可有效嵌入断面调整的线性规划模型，从而提升断面限额协调调整效率。

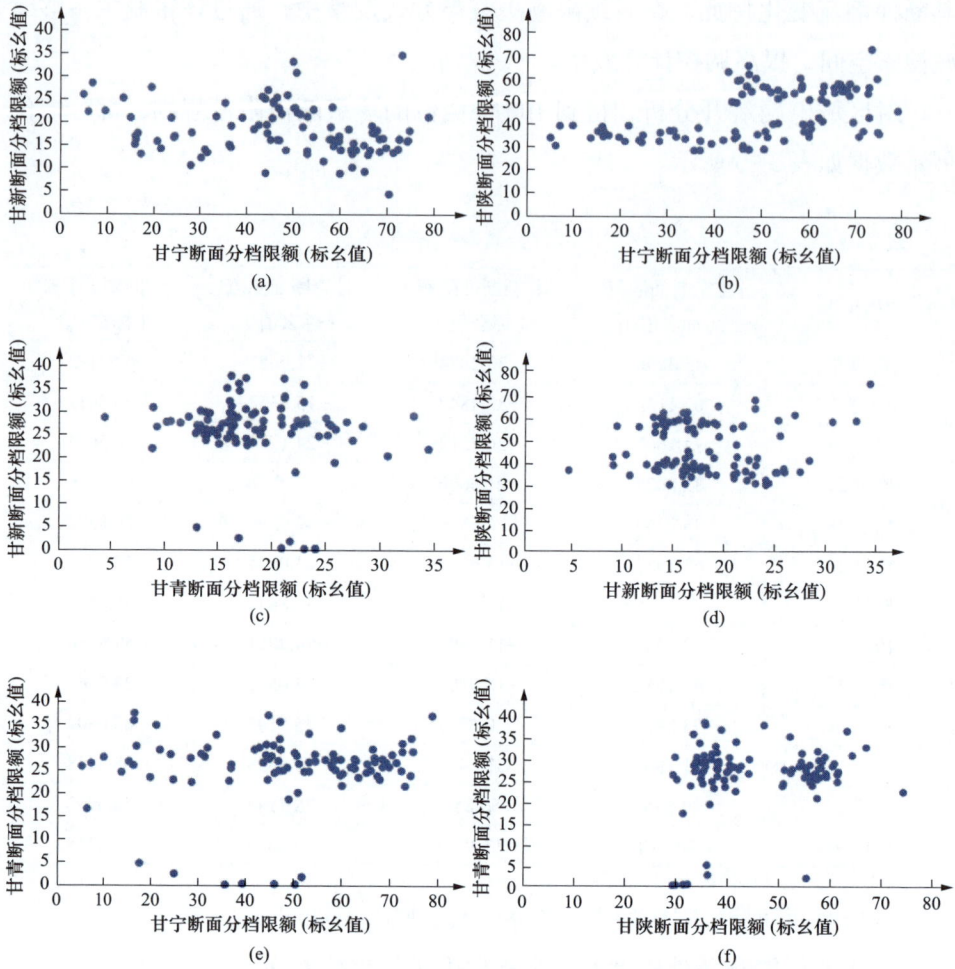

图 3-26　断面分档限额耦合关系

（a）甘宁－甘新断面；（b）甘宁－甘陕断面；（c）甘青－甘新断面

（d）甘新－甘陕断面；（e）甘宁－甘青断面；（f）甘陕－甘青断面

3.3.4　外送断面稳定极限动态调整技术

3.3.4.1　外送断面稳定极限的精准动态计算技术

基于机器学习的外送断面稳定极限动态计算方法简洁高效，该方法首先利用地区实际年风速和年负荷数据，通过风电出力－负荷水平二维特征场景聚类生成不同场景类，模拟系统不同的运行状态，增补西北电网典型运行方式。然后，基于数值摄动方法，生成海量运行方式集合。接着，通过基于二分法的断面稳定极限计算方法设定发电－负荷增长模式，在该模式基础上按一定步长提升断面传输潮流，并在每一步内校验发电－负荷增长后的运行方式稳定性，在此循环下通过二分法缩小步长增长范围，直到找到临界失稳的运行方式，该运行方式断面对应的潮流即为断面稳定极限。注意该方法属于启发式搜索方法，并无需讲电网全动态模型嵌入断面稳定极限计算模型中，无需设计过于复杂的内部接口，因此可有效兼容现行工程软件，具备较强落地能力。

在前述方法下生成从运行方式到断面稳定极限的"端到端"样本集合，最终基于机器学习生成从运行方式到断面稳定极限的"端到端"动态计算规则。方法有效性在四机双区域系统和 39 节点系统得到了验证。

图 3-27 展示了总传输能力的变化量，通过对其进行回归估计和误差分析，以及建立相关的计算框架，来实现对输电通道传输效率的评估和优化。红色不连续短线代表真实值，黑色点线代表估计值。从图中可以看出，估计值曲线试图拟合真实值曲线。两条曲线在大部分区间内都有波动，并且估计值曲线在一定程度上跟随真实值曲线的变化趋势。

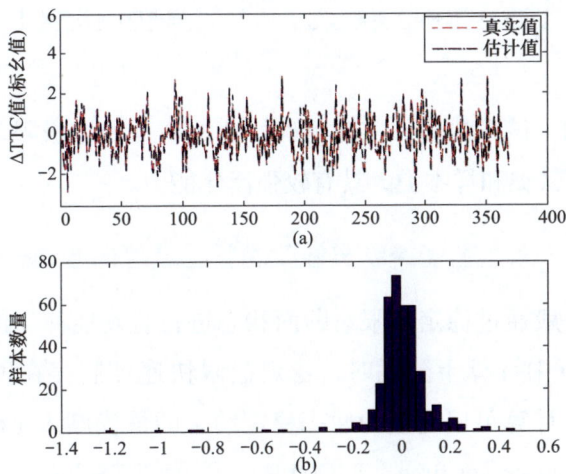

图 3-27 回归准确程度曲线和误差直方图
（a）ΔTTC 估计误差直方图；（b）ΔTTC 估计误差

图 3-28 展示了稳定极限规则应用框架流程图，分为场景生成和 TCC 在线计算两个主要部分。

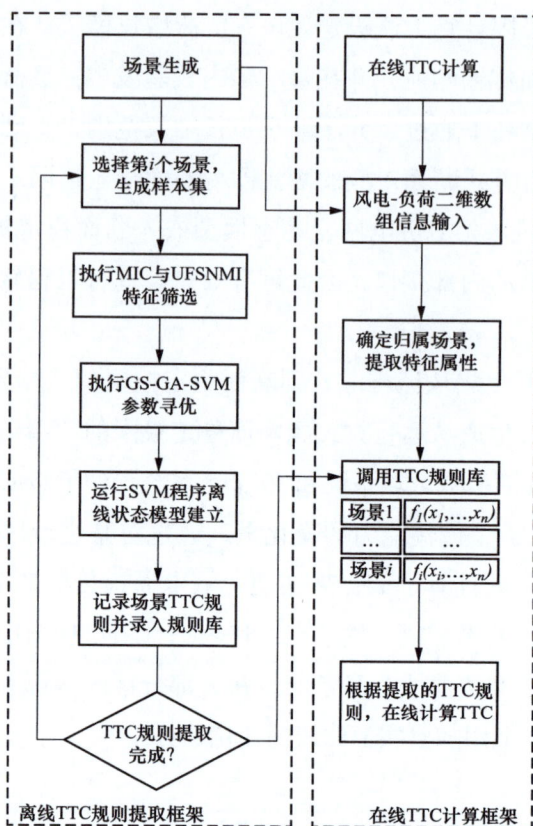

图 3-28 稳定极限规则应用框架

由结果可知，该方法能够实现精确快速的断面稳定极限动态计算，模型可以适应各种场景类和样本类，具有较强泛化能力。

3.3.4.2 基于人工智能控制灵敏度的断面极限精准动态调整技术

调度人员一般通过稳定极限对断面状态进行直观监测。但是由于稳定极限在大规模系统中计算十分耗时，稳定极限快速控制存在困难。考虑暂态稳定的稳定极限计算可以建模为暂态稳定约束的最优潮流（transient stability constrained optimal power flow，TSCOPF），而传统 TSCOPF 求解方法效率和精度难以满足调度需求。基于代理辅助（surrogate-assisted，SA）的深度学习控制灵敏度技术基于高精度深度学习所构建的断面输电极限与稳态运行方式映射，通过解析深度学习内部结构与参数反向导出断面输电极限对稳态运行方式的控制灵敏度，借助该灵敏度信息对运行方式进行调整，实现断面输电极限的快速调整。方法无需求解微分代数方程，且离线学习的规则能够完整包含各类物理模型，不失非线性地反映风机、储能的动态模式，因此基于 SA 的断面输电能力约束运行优化（total transfer capability constrained operational planning，TCOP）模型能保证稳定极限控制的效率和精度。一般由非线性学习算法（如深度学习，deep learning，DL）提取的规则往往是"黑箱"形式的，具备高精度但难以用以控制。如使用模式发现（pattern discovery，PD）方法识别暂态轨迹规则，并进而以此搜索不稳定运行点最近的稳定工况，实现预防控制，但无法对规则展开深入分析和利用，主要属于数据统计的表象方法。利用启发式算法求解时，存在"维数灾"问题，难以用于大规模时序运行优化（如 TCOP）。而基于 SA 的 TCOP 模型，利用深度学习控制灵敏度技术将 TCOP 中最复杂的断面安全约束替代为高精度神经网络模型，导出断面安全裕度与 TCOP 决策变量之间的灵敏度关系，并引入基于梯度的算法实现快速求解，不存在"难以控制"和"维数灾"等问题。

该技术在标准测试系统上的可行性校验结果如图 3-29～图 3-31 所示。

通过结果可知：① 在运行优化模型中考虑动态稳定极限安全约束的必要

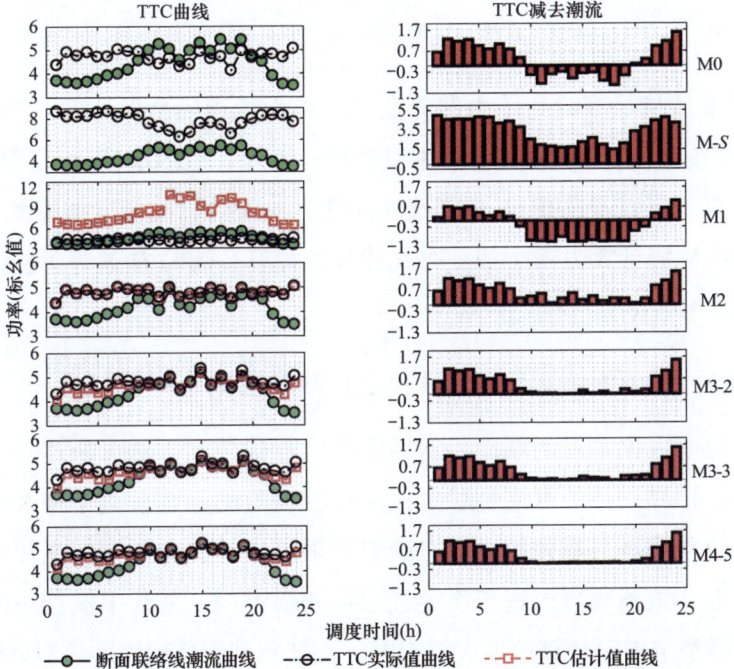

图 3-29　经 TCOP 模型优化后断面运行状态及稳定极限减去潮流柱状图

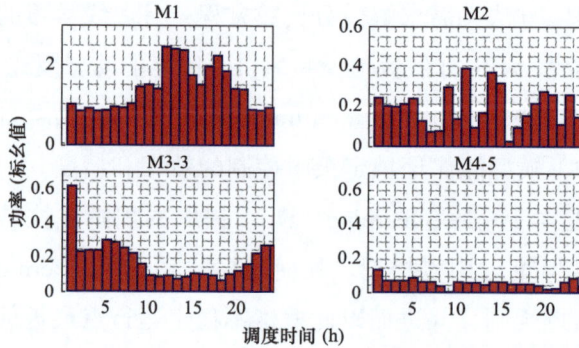

图 3-30　稳定极限实际值与估计值间的绝对误差柱状图

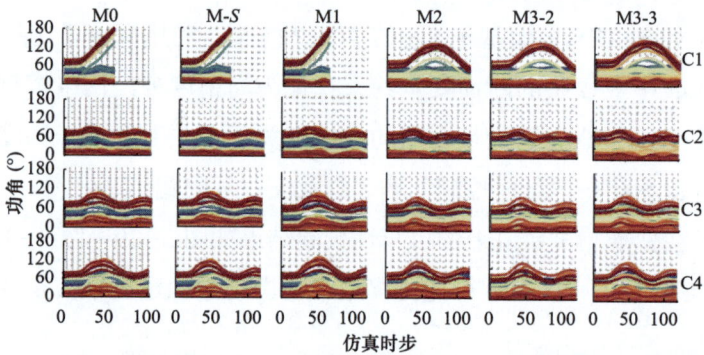

图 3-31　经不同 TCOP 模型决策后调度时间点 14 时的故障后功角差轨迹

性；② 强非线性、高泛化能力的深度学习作为代理模型保证 SA 方法在电力系统安全稳定控制问题中的可靠性和精度。另外，短的滚动优化周期能够提高求解效率。例如若选择 6h 长度滚动周期，决策计算时间能够缩减至 10s 以内。一些高性能计算方法（如分布式或并行计算、GPU 加速等）能够用于进一步提升求解效率。

3.3.4.3　基于强化学习的断面稳定极限精准动态调整技术

基于深度强化学习的断面稳定极限在线趋优控制方法可快速准确估计动态稳定极限边界条件，可避免稳定极限调控困难的问题；基于神经网络的稳定极限快速预测器可有效解决动态稳定极限难以计算导致深度强化学习时间过长的问题，该预测器内嵌于稳定极限控制模型内，替代了模型中的复杂动态部分，使稳定极限计算速度大幅提升。该技术基于代理辅助模型思想，将环境中的复杂部分使用映射关系替代，通过可并行化地随机策略算法进行高效学习，实现稳定极限调控决策的在线制定。

图 3-32 展示了基于强化学习的断面稳定极限动态调整技术的应用流程，该流程通过利用数据、离线构建策略网络和在线评估运行条件来实现电力系统断面稳定极限的精准控制，保障系统安全运行。

强化学习能够有效学习电力系统的约束机制，避免稳态约束和动态约束违约带来的奖励值惩罚，在动静态综合影响的复杂环境中进行正确决策，且只消耗不到 1s 的决策时间。

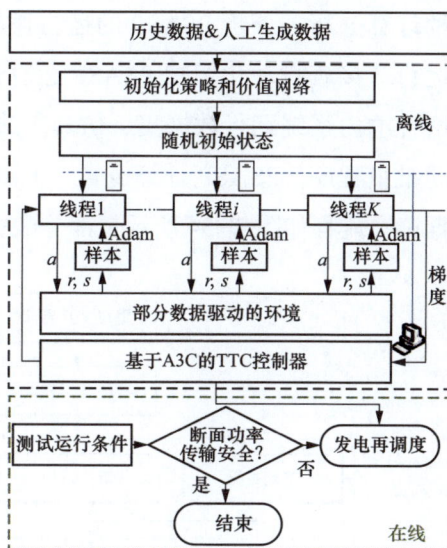

图 3-32　整体应用流程图

3.3.5　提高通道利用率的辅助决策技术

3.3.5.1　基于 PSASP 的批量运行方式集增补及仿真方法

人工智能（artificial intelligence，AI）和数据驱动技术无疑为准确发现典型运行方式和精细化电网调控规则分析提供了有力工具，能够从海量数据中发现传统人工经验可能遗漏的关键调控信息、边界条件等。AI 数据源除了电网历史运行方式外，还应包括常规运行几乎不涉及的极限、失稳、风险等运行方式，该类运行方式只能通过仿真手段获取。而考虑到 AI 学习的样本不平衡问题，此类运行方式应尽可能在数量上接近传统运行方式，显然通过人工调节在效率和节省人力资源角度上并不可取，这也激发了对运行方式仿真批量自动化的需求。解决上述问题需要引入运行方式批量分析功能，一种工程实用化思路是利用自动化程序循环调用电力系统计算软件，并按照一定搜索逻辑或先验分布修改电网关键参数和变量，实现运行方式的批量电气计算和稳定校核。常见电力系统计算仿真软件包括 PSCAD、PSAT、DSATool、BPA、PSASP 等。对这些软件的自动化调用常见于大电网人工智能相关的研究或应用。其中 PSASP 是目前国内在大规模电网机电暂态稳定分析领域最广泛应用的工程仿真软件之一。PSASP 基于电网基础数据库、固定模型库以及用户自定义模型库的支持，可进行电力系统（输电、供电和配电系统）的各种计算分析。分析 PSASP 的运行逻辑，然后通过编程语言修改 PSASP 数据运行，接着自动化模拟 PSASP 运算逻辑，即可实现 PSASP 的批量计算，为增补电力系统运行数据集、仿真生成失稳运行集和后续数据驱动分析提供自动批量程序。PSASP 计算逻辑与 Python 调用机制如图 3-33 所示，PSASP 数据读写流程如图 3-34 所示，部分数据文件特征名如表 3-5 所示。

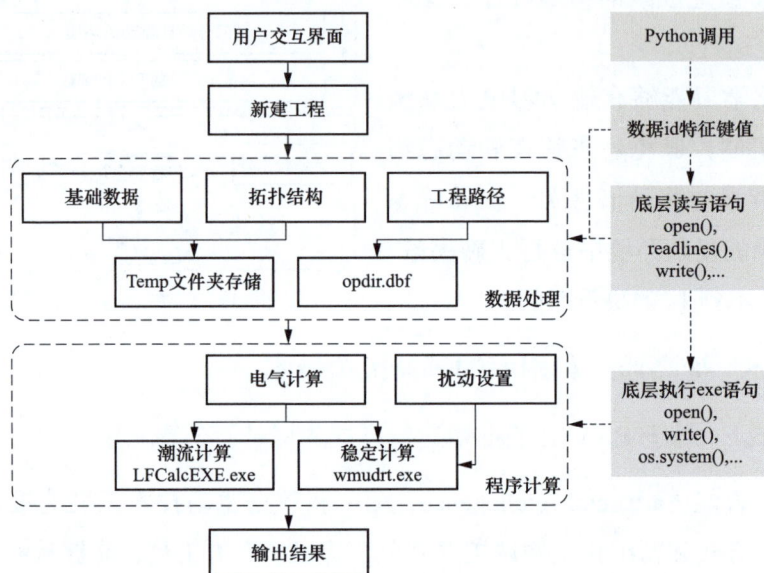

图 3-33 PSASP 计算逻辑与 Python 调用机制

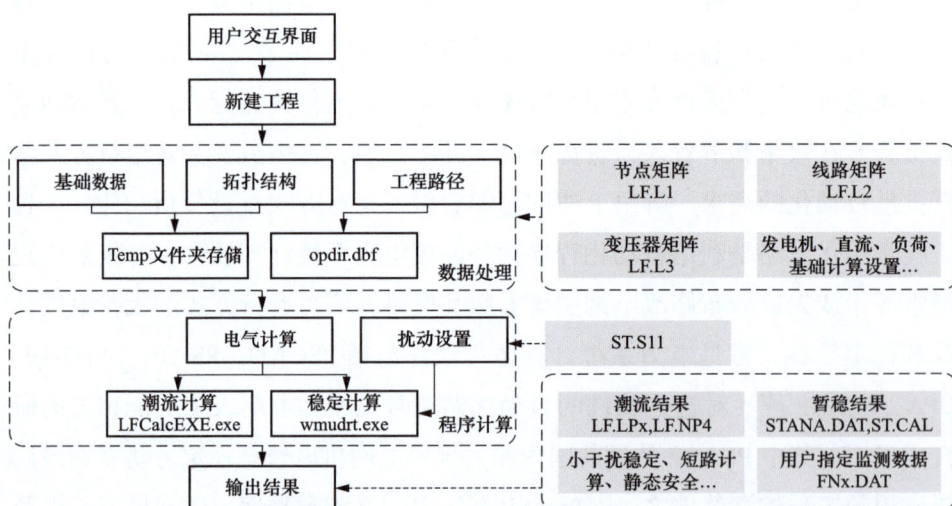

图 3-34 PSASP 数据读写流程

表 3-5　　　　　　　　　　　　　部分数据文件特征名

文件名	数据列编号与对应特征名			
LF.LP1	1		2	3
	节点编号		电压值	相角值
ST.S11	1	2	3	4
	标记	故障送端节点编号	故障受端节点编号	故障线路编号
	5	6	7	8
	故障所处位置	故障附加虚拟节点名称	A 相故障标志	B 相故障标志
	9	10	11	12
	C 相故障标志	接地故障标志	短路故障标志	断线故障标志
	13	14	15	16
	故障发生时间	故障清除时间	故障等值电阻	故障等值电抗

当收集到某电网基本拓扑、参数等数据后，在 PSASP 中建立初始基本运行方式模型，然后通过 Python 可以实现对基本运行方式的批量修改，从而生成运行方式增补集。一般来说，历史运行方式是安全稳定的，但为确定断面限额，需要搜索到临界失稳的运行方式，这就要求增补集中需要一定失稳、不安全的运行方式。为了搜索不同规模系统的极限失稳运行方式，初始基本运行方式需要合理设定。例如对于标准节点测试系统或 750kV 以上电压等级实际系统，由于节点规模偏小，运行域完全遍历耗时较短，初始运行方式可随意选择；对于更大规模电网或包含 110kV 电压，节点规模较大，运行域完全遍历耗时较长，初始运行方式建议选择接近极限运行方式的大方式。通过融合增补数据集和历史稳定运行方式集合，即可形成标签较为平衡的运行方式集合。

从初始运行方式开始，指定摄动范围，对发电机出力、机端电压、直流外送水平进行随机摄动抽样，由于此步骤是增补运行方式集，因此负荷水平跟随发电机出力水平进行变化。总体出力和负荷水平变化后，根据初始运行方式发电机出力和负荷分布分配各台发电机出力和单个负荷值，然后对各台发电机和各个负荷予以二次摄动。由于发电机数量众多，因此需要引入经验规则确定重点关注的发电机。摄动后获取的新运行方式即可进行潮流计算，对于潮流不收敛的情况，可判断异常电压母线，然后利用工程常用无功调整规则——九区图——尝试拉回母线电压，再次进行潮流计算。若潮流计算依旧不收敛，则舍弃当前采样的运行方式。对于潮流收敛的运行方式，进一步执行稳定校核，记录运行方式稳定状态，以供后续断面限额分级用。注意，稳定校核涉及预想事故集选取，对于标准节点测试系统，可提前扫描全网故障制定预想事故，而实际系统规模过大，全网扫描显然不现实。因此，可基于某地区电网年运行方式经验确定预想事故集。

综上所述，运行方式随机生成流程如图 3-35 所示。

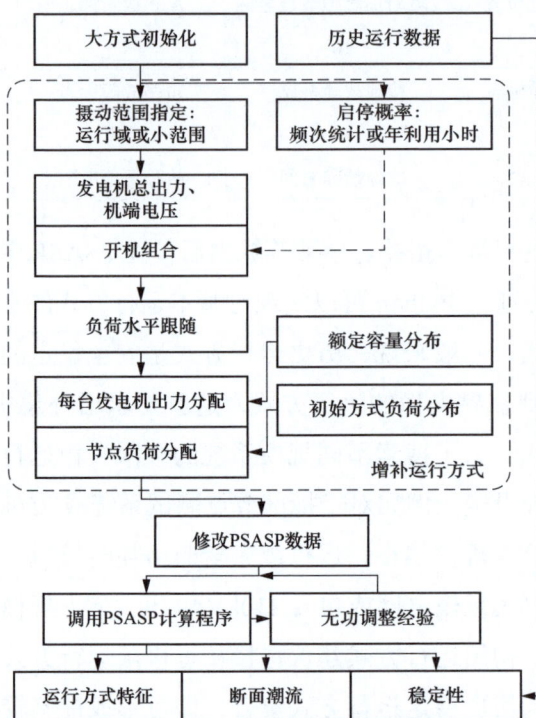

图 3-35　运行方式随机生成流程图

后续将继续嵌入计算经验规则生成海量运行方式集，以为后续研究提供数据支撑。

3.3.5.2　计及断面限额分档保守性的断面通道利用率辅助决策方法

以往研究表明，传统基于物理模型的断面极限计算方法在权衡计算效率、复杂度以及保守性方面存在明显缺陷。为实现快速且精准的断面极限计算，研究人员提出基于数据驱动方法的新思路。但由于数据驱动模型的可扩展性、可解释性、保守性和泛化性的证明还缺乏有力理论支撑，因此该方法的泛化性和工程适用性仍受到普遍质疑。从工程角度来看，更优的替代方案是采用数据驱动方法间接辅助电力系统运行。鉴于此，数据驱动方法中的聚类技术是电力工程应用的首选。聚类相关研究强调该方法并不直接参与运行决策，而是尝试以更为泛化的方式为电力系统运行提供辅助决策。受此启发，提出了一种基于场景分类的断面限额分档方法。该方法将大量历史和生成的运行方式数据进行聚类，以将电网运行精细划分为多个典型场景，提取每个典型场景对应簇类中的所有运行方式，遍历这些方式的稳定标签，分为两种情况确定该典型场景的多级断面限额，即通过遍历稳定标签判断簇中是否含有失稳运行方式，若所有运行方式都是稳定的，则选取稳定运行方式中最大的断面潮流作为该典型场景下的各级断面限额值；若典型场景簇中有失稳的运行方式，则选取失稳运行方式中最小的断面潮流作为该典型场景下的各级断面限额值。通过这种方法能够保证所得到的多档位规则的断面限额能够包络每个典型场景下所有安全稳定的运行方式，且能保证在每个场景下断面限额的保守性，进而既能通过断面限额分档方法充分释放断面容量，又能保证安全稳定。最后，基于代价敏感分类器实现实时断面限额优化决策。所提方法的主要优点包括：① 解决了传统 OPF 方法收敛性差、计算繁琐的缺点，同时提供了全局搜索方式，与传统的基于专家经验驱动方法 CPF 和 RPF 相比，能够实现更精确的断面限额决策；② 通过指定聚类数，该方法可灵活权衡断面限额整定的保守性与经济性；③ 通过将分类方法与聚类相结合，实现了实时的在线断面限额决策。该方法可以为断面限额的灵活调度提供有效的控制信息。注意到 K-means++ 聚类将生成数据平衡的标签样本集，因此所提分类 – 聚类混合技巧避开了样本不平衡问题。

在电力系统运行中，断面限额的合理设置十分重要。图 3-36 展示了不同聚类档位（Conserv.、3-cluster、5-cluster、10-cluster 和 20-cluster）下的断面限额水平。通过分析此图，能了解档位细分对断面潮流利用率的影响，为优化电力系统运行提供参考。

断面限额档位分得越细，断面潮流的利用率就越高。与最保守的方案相比，最优策略的最大断面限额提高了 29.16%。

在能源转型背景下，风能利用备受重视，但风电接入电网时会因电网限制出现弃风现象。断面限额规则对优化电力传输和减少弃风至关重要。通过

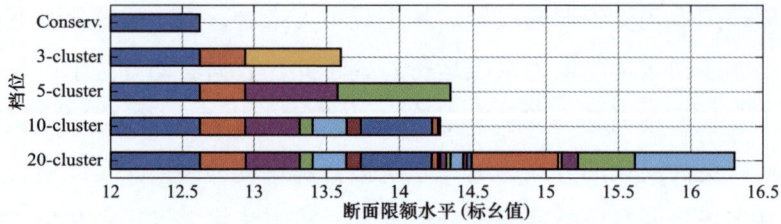

图 3-36　不同档位条件下断面限额水平叠加条形图

分析图 3-37 中不同断面限额规则下的弃风量结果，探寻规则精细化程度与弃风量的内在联系，这有助于理解电网运行规则对可再生能源消纳的影响，为制定合理策略提供依据，推动能源绿色转型。

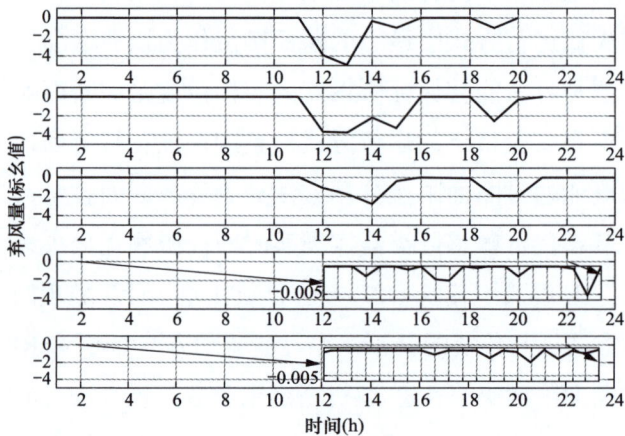

图 3-37　应用断面限额规则引发的弃风量结果

图 3-37 表明提出的断面限额决策方法能够释放断面潮流的潜能。由图 3-37 可知，随着断面限额规则的逐步精细化，弃风稳步下降，直到 10 档位规则，几乎没有弃风弃电。再次强调，传统的过于保守的断面限额决策方法明显限制了互连通道间的利用和可再生能源的消耗，所提方法有效提升了断面利用率。

3.3.5.3　西北断面限额调整应用实例

针对实际应用，提出一种基于专家系统与随机运行方式集的断面限额调整方案，简洁的应用框架如图 3-38 所示。具体实施流程为：

（1）根据典型运行方式，以及负荷曲线，基于数值摄动方法生成海量运

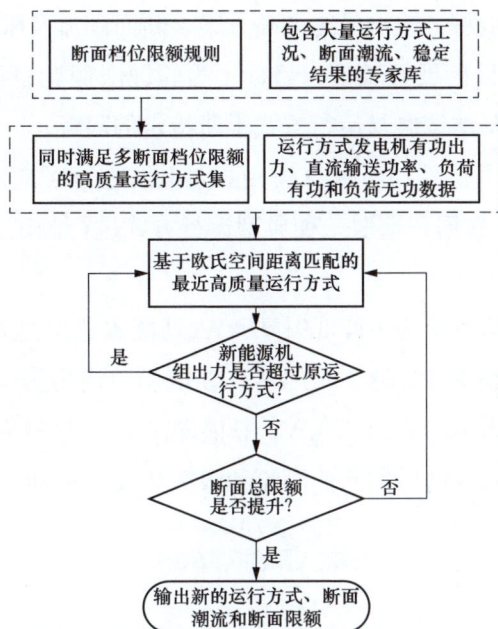

图 3-38　基于专家系统的断面限额调整方案

行方式，并依据前述方法聚类生成运行方式集以及断面限额档位。

（2）划分满足限额约束的高质量运行方式集合。

（3）获取当前运行方式，确定参与分析的特征为［同步机出力，新能源出力，直流水平，负荷水平，无功配置］，基于此进一步根据欧氏距离指标判断运行方式所属断面限额档位，确定关键断面限额水平。

（4）判断是否存在断面越限，若存在，根据当前运行方式与高质量运行方式集合的欧式距离，按照距离由短到远排序，选取弃风最小方式作为初始调整方案，继续流程；若不存在，按制定步长增加新能源出力，按照当前运行方式新能源分布分配每一个新能源厂站出力，并将出力限制在当前风速水平下，重复步骤（4）。

（5）调整当前运行方式［发电机出力，新能源出力，直流水平，无功配置］至选取的高质量运行方式，判断是否存在新能源出力越限，若存在则将出力限制在当前风速水平下。

（6）潮流计算，若不收敛，根据电压分布信息调整电压失稳节点附近无功配置、降低近区新能源出力，直到收敛。

（7）判断是否存在断面越限，若存在则回到步骤（4），反之继续。

（8）重复上述步骤，输出最终调整方案、断面潮流及限额信息。

设置两个测试目标展开验证，目标 1 为验证限额调整可行性，目的 2 为对比所提方案限额调整策略与运行方式手册指定的限额。

验证限额调整可行性：所提方法在西北电网进行了应用测试，测试场景为西北电网 2020 年数据，选取三种典型运行方式进行测试，边界条件与测试结果如下所示。

运行方式一：总负荷为 10483.91 万 kW，新能源总出力为 3420.72 万 kW；运行方式二：总负荷为 10168.34 万 kW，新能源总出力为 3789.22 万 kW；运行方式三：总负荷为 10168.34 万 kW，新能源总出力为 3764.72 万 kW。

所提方法限额调整前后的断面潮流和限额如表 3-6 所示。

表 3-6　　　　　　　　　　目的 I 限额调整结果

运行方式一					
断面	调整前断面潮流（标幺值）	调整前断面限额（标幺值）	调整后断面潮流（标幺值）	调整后断面限额（标幺值）	限额平均提升率
甘宁	67.45	56.98	64.02	65.27	10.42%
甘新	−29.86	−20.48	−20.21	−21.50	
甘青	−13.07	−2.21	−6.37	−6.44	
甘陕	49.94	34.94	31.79	33.65	
运行方式二					
断面	调整前断面潮流（标幺值）	调整前断面限额（标幺值）	调整后断面潮流（标幺值）	调整后断面限额（标幺值）	限额平均提升率
甘宁	30.03	21.40	22.98	24.97	20.40%
甘新	−29.84	−14.88	−14.62	−15.35	
甘青	−18.09	−7.63	−8.04	−19.38	
甘陕	49.98	34.97	34.52	35.26	
运行方式三					
断面	调整前断面潮流（标幺值）	调整前断面限额（标幺值）	调整后断面潮流（标幺值）	调整后断面限额（标幺值）	限额平均提升率
甘宁	30.20	22.91	24.24	30.67	18.14%
甘新	−29.84	−13.57	−11.15	−11.51	
甘青	−18.33	−11.52	−16.29	−22.73	
甘陕	49.99	34.22	31.90	32.23	

所提限额调整策略与方式手册限额对比：

运行方式四：总负荷为 10483.91 万 kW,新能源总出力为 3420.72 万 kW；

运行方式五：总负荷为 10483.91 万 kW，新能源总出力为 3378.92 万 kW。

目的 II 的限额调整结果如表 3-7 所示。

表 3-7　　　　　　　　　目的 II 的限额调整结果

运行方式四					
断面	调整前断面潮流（标幺值）	调整前断面限额（标幺值）	调整后断面潮流（标幺值）	调整后断面限额（标幺值）	限额平均提升率
甘宁	72.56	54.48	64.83	73.03	47.21%
甘新	−29.86	−22.74	−31.03	−34.43	
甘青	−18.24	−27.12	−20.21	−21.77	
甘陕	49.95	33.86	68.03	74.22	
运行方式五					
断面	调整前断面潮流（标幺值）	调整前断面限额（标幺值）	调整后断面潮流（标幺值）	调整后断面限额（标幺值）	限额平均提升率
甘宁	74.04	34.93	72.02	77.42	84.66%
甘新	−29.86	−16.94	−34.29	−36.23	
甘青	−19.79	−28.35	−17.85	−28.49	
甘陕	49.95	35.70	61.86	71.92	

通过所提研究方法对以上两个运行方式进行调控可以看到，运行方式四在调控后甘陕省际断面限额与对运行方式手册中所定的限额相比提升了6.03%，运行方式五在调控后甘宁省际断面限额与运行方式手册中所定的限额相比提升了 10.6%，满足既定指标。

3.3.6　新能源受阻因素辨识技术与辅助决策系统

区域电网新能源消纳受阻因素智能辨识及辅助决策软件包括区域电网新能源时空分布特性分析功能，基于人工智能的输电通道级联断面相关性指标计算功能，考虑主导制约因素的新能源消纳提升辅助决策功能；在新能源装机高占比的省级及以上电网，进行区域电网新能源消纳受阻因素智能辨识及辅助决策软件应用。

3.3.6.1　新能源受阻因素辨识与辅助决策软件整体架构

新能源消纳受阻因素辨识及辅助决策软共分为三大模块：历史/实时数

据获取与分析模块、新能源受阻智能因素辨识模块、新能源消纳断面调整辅助决策模块。

3.3.6.2 新能源受阻因素辨识与辅助决策软件功能

区域电网新能源时空分布特性分析功能模块历史数据读取模块以及时空特性分析功能模块。

历史数据读取界面如图 3-39 所示，该模块是软件的数据入口，为整个软件提供数据支撑。历史数据读取功能从各省（区）调侧按照要求抽取历史采样表中的数据集，进行清洗和预处理，为后续进行时空分布特性分析、新能源消纳受阻因素的关键断面识别以及辅助决策功能提供所需要的电网数据，并将获取清洗后的数据量进行可视化展示。

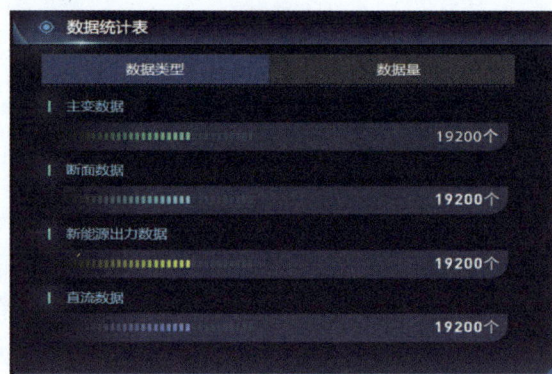

图 3-39　历史数据读取界面

时空特性分析界面如图 3-40 所示，主要功能是基于电网历史和实时数据，通过该模块对实时运行数据进行处理分析，计算生成新能源出力曲线、风光资源情况曲线、新能源弃电量等数据，并对使用者实时可视化展示。

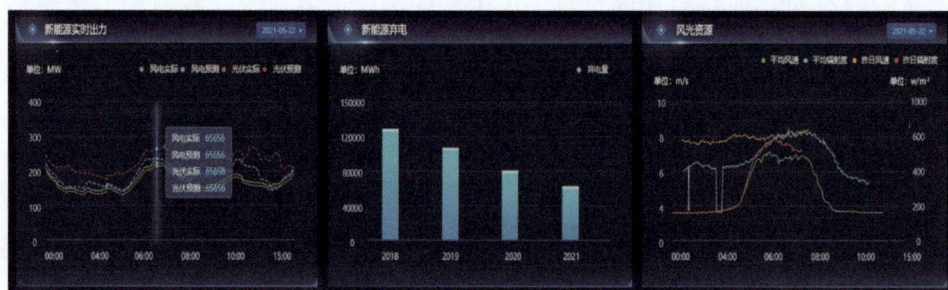

图 3-40　时空特性分析功能

新能源消纳受阻因素的关键断面识别包含新能源消纳受阻因素的关键因素识别模块和典型运行方式划分模块。

新能源消纳受阻因素的关键因素识别界面如图 3-41 所示，功能是基于清洗后的电网数据，构建输入和输出数据集，建立反向传播人工智能分析数学模型，并通过多次训练以提高模型精确度。

基于训练好的反向传播人工智能分析数学模型，通过 MIV 算法，得到的新能源受阻关键因素排序，并将排名前五名的关键因素以及其对应的影响因素大小对使用者展示，如图 3-42 所示。

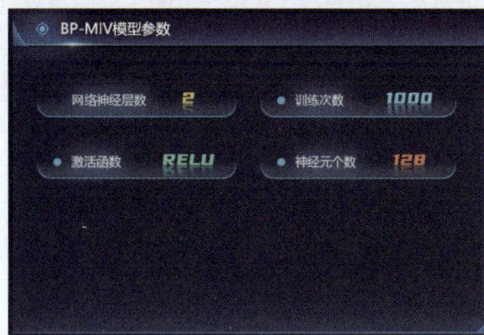

图 3-41　神经网络模型结构展示图

典型运行方式划分模块（见图 3-43）基于新能源受阻关键因素分析结果，采用数据聚类算法，将电网划分出不同的典型运行方式，并将结果对使用者展示。

区域电网新能源消纳受阻因素辨识及辅助决策软件整体架构与各模块功能框架设计开发工作为后续开展技术示范应用提供了重要保障。

3.3.6.3　新能源受阻因素辨识与辅助决策软件在西北区域示范应用

相关应用成果区域电网新能源消纳受阻因素智能辨识及辅助决策软件首

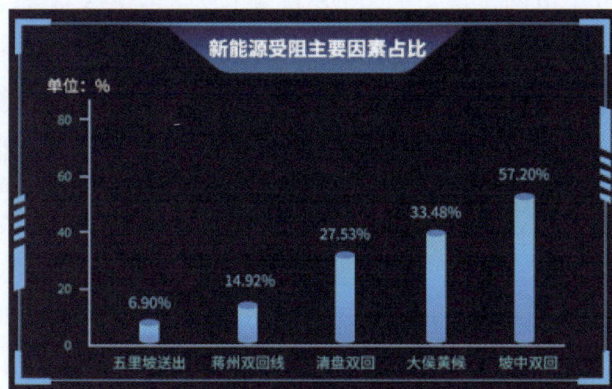

图 3-42　新能源消纳受阻因素的关键断面识别

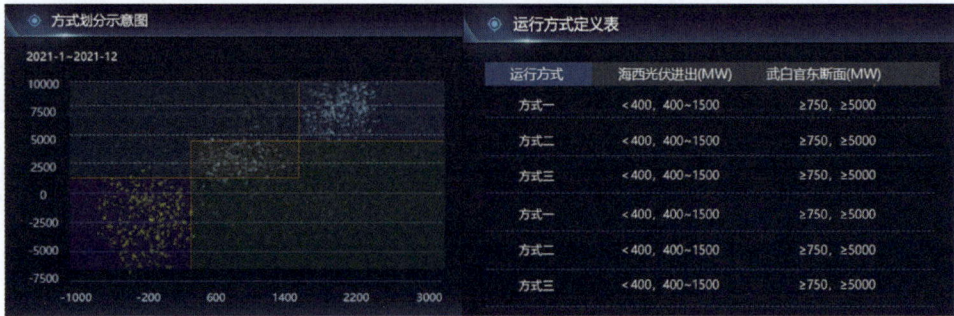

图 3-43 典型运行方式划分模块

先在西北电网开展了示范应用，对提升西北电网新能源消纳能力发挥了重要作用，软件在西北电网的示范应用取得的具体性能指标如下。

（1）区域电网新能源消纳受阻因素智能辨识及辅助决策软件智能辨识电网关键受阻断面为 5 个，并给出典型方式断面运行限额优化协调建议，针对典型运行方式下关键受阻断面限额提升超过 5%。

（2）区域电网新能源时空分布特性分析功能，基于对西北电网历史数据的实时处理和科学计算，实现了对西北新能源实时与历史数据时空特性统计分析展示功能，向调度人员展示包括区域新能源出力曲线、风光资源实时曲线等可视化分析结果，界面清晰实用，提升了电网数据可视化效果并为后续分析计算提供了有效数据支撑；基于人工智能的输电通道级联断面相关性指标计算功能，利用西北电网实时和历史数据，通过人工智能计算模型，分析辨识出关键受阻断面，实现了智能辨识制约电网输电通道传输效率的关键因素，有效地提升了电网辨识关键断面的效率以及准确率；考虑主导制约因素的新能源消纳提升辅助决策功能，利用人工智能驱动断面限额整定计算对新能源消纳随机决策的实时校核及校正定档，并给出了西北电网典型方式断面运行限额优化协调建议，从而在不降低系统运行安全保守性的同时，实现对断面限额档位的更精细跟踪以及对断面传输潜力的进一步释放，有效地提升了对新能源的消纳能力。

3.4 考虑源荷不确定性的电网安全风险评估与智能防御技术

3.4.1 高风险场景自动生成技术

高风险运行场景在线生成技术可有效解决故障概率未考虑源荷不确定性造成的风险误判以及现有基于数据挖掘的风险预判结果可信度较差问题。实现计及特高压跨区电网源荷不确定性的高风险运行场景自动发现为特高压跨区大电网源荷不确定性安全风险在线评估与智能防御提供基础数据支撑（见图 3-44）。

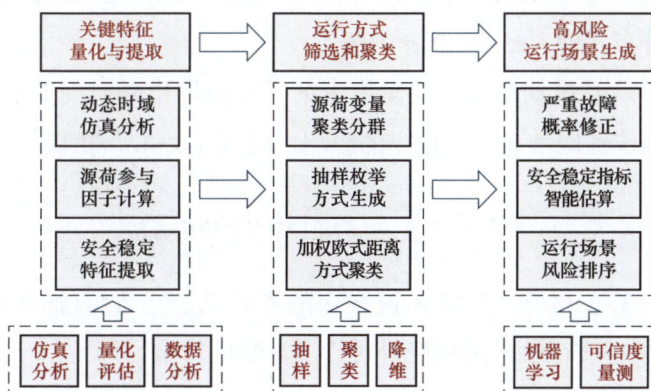

图 3-44　计及特高压跨区电网源荷不确定性的在线高风险运行场景生成技术

3.4.1.1 基于非线性自回归－多项式混沌展开（NARX-PCE）方法的电力系统暂态稳定分析方法

随着电力系统内不确定性因素的增加，传统确定性时域仿真计算逐渐向时域仿真不确定性分析转变。计及不确定性因素的影响，如何快速、准确地实现电力系统时域仿真不确定性分析成为现阶段研究的重点。基于含时序项代理模型的电力系统时域仿真不确定性分析方法，是以 NARX-PCE（nonlinear autoregressive with exogenous input-PCE）方法为基础的含时序项的代理模型，兼顾了时域仿真过程的动态特性和系统内不确定性因素的影响，在保证计算精度的同时，提高时域仿真不确定性分析方法的计算效率。此外，在代理模型中通过最小角回归（least angle regression，LAR）策略克服高维随机变量所引起的"维数灾"问题。

NARX 方法常用于表示系统某一时刻的输出与系统历史时刻输出以及外部激励信号之间的关系，其所构建的模型可表示为

$$Y(t) = \sum_{i=1}^{N_g} \theta_i g_i[u(t)] + \varepsilon_t \qquad (3-32)$$

式中：$Y(t)$ 为系统 t 时刻的输出；$u(t) = [X(t), \cdots, X(t-t_X), Y(t-1), \cdots, Y(t-t_Y)]$；$X(t)$、$X(t-t_X)$ 分别为 t、$t-t_X$ 时刻的外部输入激励；$Y(t-1)$、$Y(t-t_Y)$ 分别为系统 $t-1$、$t-t_Y$ 时刻（t 时刻之前的历史时刻）的输出；t_X、t_Y 分别为所考虑的外部输入激励、系统历史时刻输出的最大时延；θ_i 为 NARX 模型中的待求系数；N_g 为模型中基函数 $g_i[u(t)]$ 的项数；ε_t 为 NARX 模型的残差，一般假设其满足正态分布，即：$\varepsilon_t \sim N(0, \sigma^2(t))$。

上述模型从系统动态特性的角度表征了系统输出随时间变化的情况，进一步考虑不确定性因素对系统输出的影响，将式（3-32）扩展为

$$Y(t, \xi) = \sum_{i=1}^{N_g} \theta_i(\xi) g_i[u(t)] + \varepsilon_t(t, \xi) \qquad (3-33)$$

由式（3-33）可知，NARX 模型中的系数 $\theta_i(\xi)$ 含有输入随机变量 ξ，可引入 PCE 模型表征输入随机变量对待求系数的影响，即

$$\theta_i(\xi) = \sum_{j=1}^{N_\varphi} \alpha_{i,j} \varphi_j(\xi) g_i + \varepsilon_i \qquad (3-34)$$

式中：$\alpha_{i,j}$（$i=1, \cdots, N_g$；$j=1, \cdots, N_\phi$）为 PCE 模型中的待求系数；$\varphi_j(\xi)$ 为关于输入随机变量 ξ 的多元正交多项式；N_φ 为正交多项式的项数；ε_i 表示 PCE 模型的截断误差。

结合式（3-33）和式（3-34），可得到基于 NARX-PCE 方法的含时序项代理模型，具体展开式为

$$Y(t, \xi) = \sum_{i=1}^{N_g} \left(\sum_{j=1}^{N_\varphi} \alpha_{i,j} \varphi_j(\xi) \right) g_i[u(t)] + \varepsilon(t, \xi) \qquad (3-35)$$

式中：$\varepsilon(t, \xi)$ 为 NARX-PCE 方法所构建代理模型的总误差。

上述基于 NARX-PCE 方法的含时序项代理模型的两个特点为：① 所含时序项可表征系统随时间变化的动态特性；② 所含随机参数可表征系统受不

确定性因素影响的随机特性。以上特点使得基于 NARX-PCE 方法的含时序项代理模型可用于不确定性环境下电力系统的时域仿真分析。

结合式（3-34）和式（3-35）可知，基于 NARX-PCE 方法的含时序项代理模型需要确定 NARX 模型中的时序项基函数 $g_i[u(t)]$、PCE 模型中正交多项式基函数 $\varphi_i(\xi)$ 以及相应的待求系数 $\alpha_{i,j}$。

该方法能够量化源-荷不确定性对跨区电网暂态过程的影响，实现不确定性场景下暂态稳定分析，判断系统稳定性，同时该方法采用非线性自回归（NARX）模型表征系统动态特性，利用多项式混沌展开（PCE）方法刻画不确定性源荷影响下系统随机特性，避免了冗余计算，规避了"维数灾"问题，在保证计算精度的同时，提高了电力系统暂态稳定分析过程的效率，为电力系统安全稳定评估提供具体高效的量化分析手段。

基于含时序项代理模型的电力系统时域仿真不确定性分析流程如图 3-45 所示。

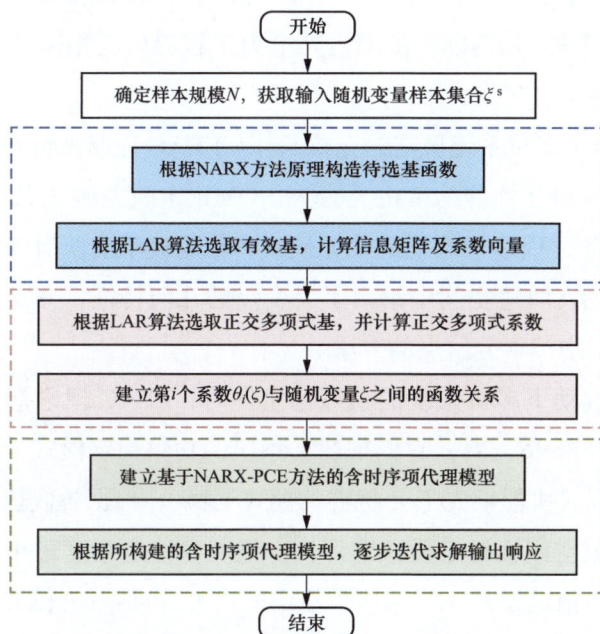

图 3-45　基于含时序项代理模型的电力系统时域仿真不确定性分析流程

3.4.1.2　基于安全稳定量化分析的源荷参与因子计算方法

电力系统暂态安全稳定包括暂态功角稳定、暂态电压安全稳定和暂态频率安全稳定三方面，其中暂态电压安全稳定包括暂态电压跌落安全性、考虑感应电动机负荷稳定的暂态电压稳定性与暂态电压偏移可接受性（transient voltage deviation acceptability，TVDA），暂态频率安全性是指暂态频率偏移可接受性（transient frequency deviation acceptability，TFDA）。

EEAC 是基于轨迹的暂态稳定量化分析方法，它有机地结合了数值积分法与经典控制理论。EEAC 提出的互补群惯量中心相对运动（CCCOI-RM）变换是个满秩的线性变换，它将 R_n 摇摆曲线映射到 n 个互不相关的状态平面，映射步长等于原积分步长。在每个映象平面上，得到 2 条等值轨迹。原 n 维轨迹的稳定充要条件与对应的 n 个映象平面轨迹的稳定充要条件严格相等。高维系统稳定性的定性分析与定量分析问题，被严格地变换为映象平面轨迹的数据挖掘问题。映象平面上两条等值轨迹之间的暂态能量，以及动态鞍点的临界能量，都可以在相应的扩展相平面上得到。这两个能量值之差反映了映象轨迹的不稳定程度。通过映象轨迹的稳定裕度对于某参数的灵敏度分析，得到映象的稳定极限，然后就可以按最小值准则来确定原系统的稳定裕度、极限值及主导模式。EEAC 已被国内外电力工程界广泛用来分析电力系统的稳定域和优化稳定控制的决策。

EEAC 给出了多机系统稳定的充要条件。EEAC 证明多机系统分岔的充要条件是至少有一对互补群的单机无穷大（OMIB）映象到达其 P-δ 平面上的动态鞍点（DSP），而多机系统的临界模式和稳定极限由所有映象中最临界者决定。这个结论在轨迹空间中给出了突变点的几何特征，并支持了用灵敏度技术在参量空间中搜索分岔点的方法。

在研究大扰动下多机系统的轨迹稳定性时，EEAC 理论把系统机群全集划分为一对互补群 $\{S, A\}$，它们描述了系统的功角稳定模式（即在该大扰动下系统倾向于以 S 机群领先于 A 机群的模式失稳），根据各候选模式的识别结果，在二维映象空间实施定量稳定评估。把映象稳定裕度最小的模式定义为系统的临界功角稳定模式（简称功角稳定模式），包括发电机分群和摆次，它是稳定控制的重要依据。其中采用的最小值原则为：如果某多机轨迹同时有多个 OMIB 映象失稳，多机系统的稳定裕度应取为其映象裕度中的最小值。这就是说，当且仅当轨迹裕度最小的 OMIB 映象成为临界时，多机系统轨迹成为临界。

当全部映象稳定时，多机系统轨迹稳定裕度等于其所有 OMIB 映象裕度中的最小值。由于一个稳定 OMIB 映象的轨迹裕度等于其各摆稳定裕度中最小者，因此多机系统轨迹稳定裕度等于其所有 OMIB 映象的所有摆的轨迹裕度中的最小值。

因此，映象定量分析结果的聚合规则是：将各摆稳定裕度取最小值得到该分群模式下的轨迹稳定裕度；对所有候选分群下轨迹稳定裕度取最小值，就可得到原高维系统稳定裕度。这就是 CCCOI-RM 变换的轨迹裕度最小值规则。

对于考虑感应电动机负荷稳定的暂态电压稳定性，可以通过观察感应电动机节点电压达到极值时感应电动机的运动特性来快速精确地判断其稳定性。如果感应电动机在其节点电压达到最小值时仍然加速，则认为滑差在这之后将继续减小，感应电动机将保持稳定；如果感应电动机在其节点电压达到最大值时还在减速，则滑差在这之后必然继续增大，感应电动机将失去稳定。

感应电动机的电磁功率和机械功率的差值不仅决定了其是否加速，而且决定了滑差导数的负值（$-\mathrm{d}S/\mathrm{d}t$）。把节点电压达到极值时刻 $-\mathrm{d}S/\mathrm{d}t$ 的值或该值对机械功率的比值定义为暂态电压安全的裕度，即

$$\eta_{vs} = H \times \frac{-\mathrm{d}S/\mathrm{d}t}{M_m} \times 100\% \qquad (3-36)$$

式中：H，S 和 M_m 分别为感应电动机的惯性时间常数、转差和机械功率；η_{vs} 为暂态电压安全裕度，正（或负）值表示感应电动机稳定（或失去稳定）。

采用一组二元表 $[(U_{cr.1}, T_{cr.1}), \cdots, (U_{cr.i}, T_{cr.i})]$ 来描述每一个节点的暂态电压跌落可接受性问题。如果对于所有 i，节点电压低于 $V_{cr.i}$ 的持续时间都小于 $T_{cr.i}$，则认为该节点的电压跌落是安全的。

暂态电压偏移可接受性裕度 η_{vd} 定义为

$$\eta_{vd} = [U_{ext} - (U_{cr} - kT_{cr})] \times 100\% \qquad (3-37)$$

式中：U_{cr} 和 T_{cr} 分别为母线的电压偏移门槛值和允许的持续时间；U_{ext} 指暂态过程中母线电压的极值；k 为把临界电压偏移持续时间换算成电压的折算因子；η_{vd} 为正（或负）值表示电压偏移可以接受（或不能接受）。

暂态电压安全裕度 η_v 为 η_{vs} 和 η_{vd} 之间的小者，即

$$\eta_{\mathrm{v}} = \min(\eta_{\mathrm{vs}}, \eta_{\mathrm{vd}}) \qquad\qquad (3\text{-}38)$$

将上述暂态电压偏移可接受性（TVDA）分析方法拓展到暂态频率偏移可接受性（TFDA）问题，即可评估节点的暂态频率安全稳定性。

以下基于暂态安全稳定量化分析理论和方法，针对安全稳定模式中发电机和母线，识别其参与因子的方法具体所采取的技术方案包括以下步骤。

（1）预想故障的时域仿真计算。根据电力系统运行方式及相应的模型与参数，针对预想故障，采用时域仿真方法进行预想故障下的电力系统运行轨迹的计算。

（2）暂态安全稳定量化评估。建立在预想故障的时域仿真计算的基础上，采用 EEAC 分析得到暂态功角稳定量化信息，包括发电机分群（临界机群和余下群）、裕度和摆次等；采用暂态电压安全稳定量化分析得到暂态电压安全稳定量化信息，包括暂态电压安全稳定监视母线及其裕度；采用暂态频率安全量化分析得到暂态频率安全量化信息，包括暂态频率安全监视母线、发电机及其裕度。

（3）源荷参与因子计算。对于暂态功角稳定发电机分群模式中发电机参与因子的识别，若暂态功角稳定裕度小于 0，对于临界群发电机，计算受扰轨迹经过动态鞍点（DSP）时临界群中各台发电机的加速动能，以临界群中发电机加速动能的最大值作为基准，把临界群中各台发电机的加速动能与该基准值的比值作为各台发电机的参与因子；对于余下群发电机，计算受扰轨迹经过 DSP 时余下群中各台发电机的减速动能，同样以临界群中发电机加速动能的最大值作为基准，把余下群中各台发电机的减速动能与该基准值的比值的相反数作为各台发电机的参与因子；若暂态功角稳定裕度大于等于 0，对于临界群发电机，首先要确定受扰轨迹在稳定模式中给出的摆次中临界群等值发电机的加速动能达到最大值的时刻，以该时刻临界群中发电机加速动能的最大值作为基准，把临界群中各台发电机该时刻的加速动能与该基准值的比值作为各台发电机的参与因子；对于余下群发电机，同样以该时刻临界群中发电机加速动能的最大值作为基准，把余下群中各台发电机该时刻的减速动能与该基准值的比值的相反数作为各台发电机的参与因子。

对于暂态电压安全稳定模式中母线参与因子的识别，从监视母线中找到母线暂态电压安全稳定裕度的最小值 $\eta_{v,min}$（暂态电压安全稳定裕度范围是 $[-100, +100]$，裕度大于 0，表示暂态电压是安全稳定的，裕度小于 0，表示暂态电压失稳，裕度等于 0，表示暂态电压是临界安全稳定的，裕度值越大，安全稳定程度越高），以（$100-\eta_{v,min}$）为基准，把母线 i 的暂态电压安全稳定裕度记为 $\eta_{v,i}$，则以（$100-\eta_{v,i}$）/（$100-\eta_{v,min}$）作为母线 i 的参与因子。

对于暂态频率安全模式中母线和发电机参与因子的识别，从监视母线和发电机中找到母线和发电机暂态频率安全裕度的最小值 $\eta_{f,min}$。（暂态频率安全裕度范围是 $[-100, +100]$，裕度大于 0，表示暂态频率是安全的，裕度小于 0，表示暂态频率是不安全的，裕度等于 0，表示暂态频率是临界安全的，裕度值越大，安全程度越高），以（$100-\eta_{f,min}$）为基准，把母线或发电机 i 的暂态频率安全裕度记为 $\eta_{f,i}$，则以（$100-\eta_{f,i}$）（$100-\eta_{f,min}$）作为母线或发电机 i 的参与因子。

图 3-46 为源荷参与因子计算流程图，其中步骤 1 描述的是预想故障的时域仿真计算，即根据电力系统运行方式及相应的模型与参数，针对预想故障，采用时域仿真方法进行预想故障下的电力系统运行轨迹的计算；步骤 2 描述的是基于预想故障时域仿真计算的暂态安全稳定量化评估，包括 3 个可并列运行的模块，分别进行暂态功角、电压和频率安全稳定的量化评估，即采用 EEAC 分析得到暂态功角稳定量化信息，包括发电机分群（临界机群和余下

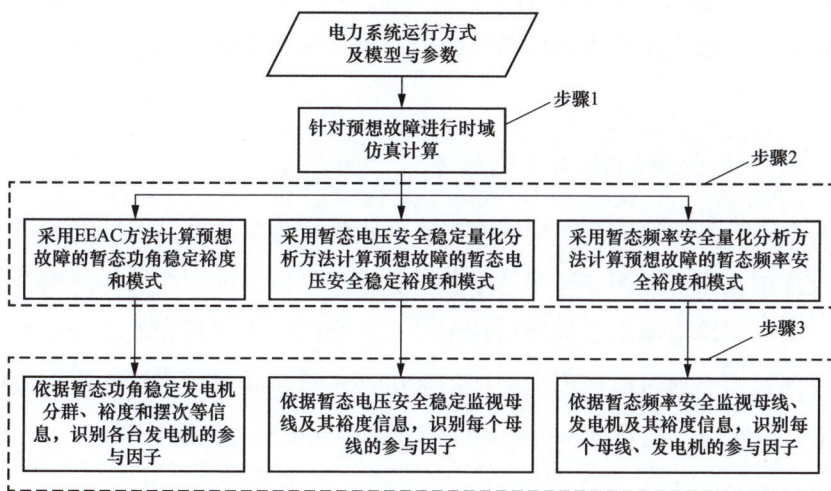

图 3-46　源荷参与因子计算流程图

群）、裕度和摆次等；采用暂态电压安全稳定量化分析得到暂态电压安全稳定量化信息，包括暂态电压安全稳定监视母线及其裕度；采用暂态频率安全量化分析得到暂态频率安全量化信息，包括暂态频率安全监视母线、发电机及其裕度；步骤 3 描述的是暂态安全稳定模式中元件参与因子识别，包括 3 个可并列运行模块，分别用于识别暂态功角、电压和频率安全稳定模式中元件的参与因子。

利用随机概率分布表征源荷不确定性，并采用所提基于含时序项代理模型的电力系统时域仿真不确定性分析方法，在离线状态下，利用在线安全分析应用长期周期性运行积累的海量电网运行方式数据和安全稳定分析结果数据进行训练，可以得到对应不同运行方式与故障类型的时域仿真快速计算代理模型，通过应用该代理模型，能够在线快速准确得到时域仿真计算结果。对应每一个时域仿真计算结果，都能计算得到相应的源荷参与因子。结合随机采样方法与蒙特卡洛模拟方法，可以求得各个预想故障下源荷参与因子的概率分布情况。

基于轨迹的暂态功角稳定量化分析方法（EEAC）能够获得预想故障下电网的安全稳定裕度和模式，其中暂态功角稳定模式为发电机分群和摆次，暂态电压安全稳定模式为母线集，暂态频率安全模式为母线和发电机集。依据这些量化信息可为电力系统运行方式调整、输电极限计算和控制决策优化等提供指导。结合 EEAC 得到暂态电压安全稳定量化信息进一步识别暂态安全稳定模式中元件参与因子识别，为具体高效的量化分析与决策支持。

3.4.2　安全风险快速评估技术

安全风险快速评估技术包括面向不确定性场景集的区域电网安全风险快速综合评估技术（见图 3-47）、考虑新能源和负荷不确定性的特高压直流送受端电网可用输电能力在线评估技术、交直流跨区电网送受端耦合安全风险在线评估技术。通过面向不确定性的大电网安全风险和可用输电能力快速评估技术，可实现电网安全风险在线评估和可用输电能力在线计算。

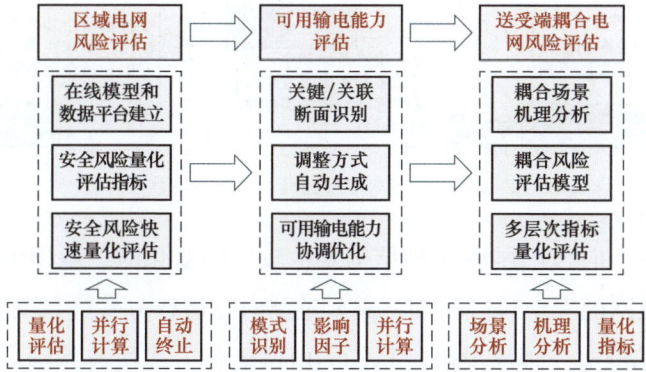

图 3-47 面向不确定性场景集的区域电网安全风险快速综合评估技术研究路线

3.4.2.1 区域电网的安全风险评估指标

考虑电网运行特性，结合预想故障集展开安全评价，区域电网安全风险评估指标包括一级指标 4 个，二级指标 10 个，结合预想故障集展开安全评价，可以得到可靠的区域电网的风险评价结果。区域电网安全风险评估指标体系示意图如图 3-48 所示。

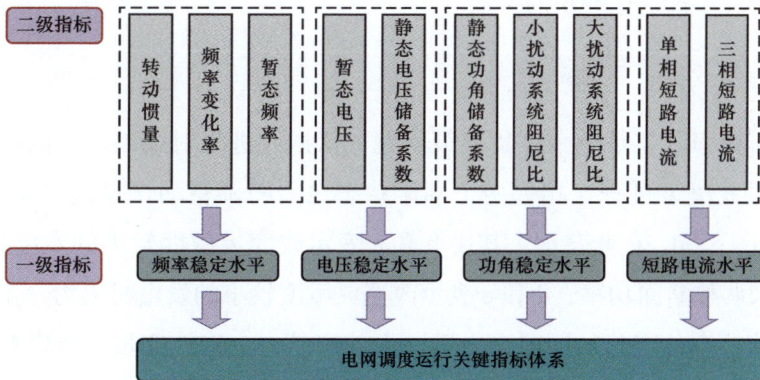

图 3-48 区域电网安全风险评估指标体系示意图

3.4.2.2 预想电网运行方式生成样本方法

结合特高压直流计划和新能源出力预测数据，生成基础潮流数据。为提高潮流数据的收敛性，采用相似潮流分阶段逐步调整方法，直至其移动到目标数据指定位置（见图 3-49）。通过拓扑修改、初次分配和再次分配满足要求的潮流样本，为断面可用输电能力评估提供数据基础。

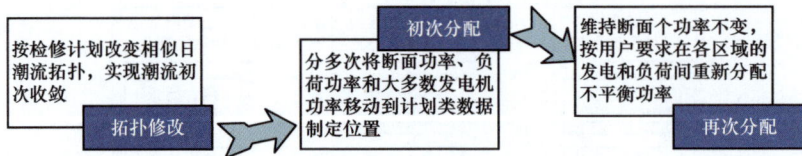

图 3-49   预想方式分阶段调整方法

当相邻两个时段电网的拓扑结构发生较大的变化时，电网面临的不确定因素增加，电网的安全风险增加，需要重新对该运行方式进行安全稳定校核，提出了一种基于电气距离灵敏度指标的电网运行方式快速判别方法，评估相邻两个时段电网的运行方式差异性，即

$$Z_{ij,\,\mathrm{sen}} = \frac{Z_{ij,\,\mathrm{before}} - Z_{ij,\,\mathrm{after}}}{Z_{ij,\,\mathrm{before}}} \qquad (3-39)$$

式中：$Z_{ij,\,\mathrm{before}}$ 为全运行方式下的节点间电气距离；$Z_{ij,\,\mathrm{after}}$ 为运行方式改变后的节点间电气距离。

$Z_{ij,\,\mathrm{sen}}$ 用于评估相邻两个时段电网的运行方式差异性，其本质是反映电网运行方式变化前后节点间电气距离的相对变化情况，这种指标有助于快速判别电网运行方式变化带来的影响。

3.4.2.3   基于马尔科夫决策的关键输电断面功率调整和评估方法

断面功率调整是一个序贯决策问题，依据改进映射策略，可以抽象为一个马尔科夫决策过程，相邻两个潮流状态之间的调整动作可包含 4 个部分，分别用 b、c、d、e 来表示，其中 b 和 c 表示改变灵敏度较大的发电机出力，主要用来调整断面功率，d 和 e 表示改变灵敏度较小的发电机出力，主要用来平衡有功功率的变化。同时，由于断面功率是一个连续变量，所以对发电机也采用输出功率连续调整的方式。

基于马尔科夫决策过程的断面功率调整包含系统状态、调整动作、状态转移、奖励机制四个模型要素；其中系统状态由发电机出力水平、目标断面编号和目标传输功率信息共同组成的状态空间；调整动作用来描述方式人员改变发电机运行状态的具体动作，所有动作集合构成动作空间。状态转移函数用来描述潮流状态与调整策略之间的映射关系；奖励机制对动作效果的定量评估，能够灵活快速地自动调整关键输电断面的传输功率。基于马尔科夫决策过程的断面功率调整示意图如图 3-50 所示。

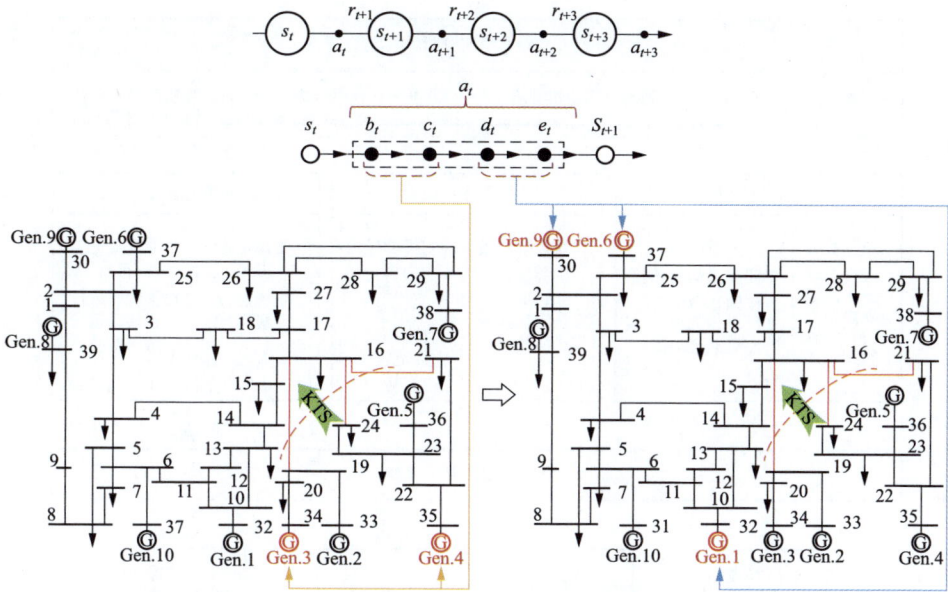

图 3-50 基于马尔科夫决策过程的断面功率调整示意图

S_t—某一时刻 t 对应的潮流状态；b_t、c_t—某一时刻 t 改变灵敏度较大的发电机出力；d_t、e_t—某一时刻 t 改变灵敏度较小的发电机出力；$a_t \sim a_{t+3}$—$t \sim t+3$ 时刻采取的调整动作，对应着改变发电机运行状态等操作；Gen.1～Gen.X—发电机组；KTS—断面功率的调整示意

3.4.2.4 直流换相失败和闭锁引起的频率安全风险在线评估技术

交直流送受端电网间耦合日趋紧密，电网一体化特征日趋显著。随着特高压直流工程不断投运、容量不断增加，大容量直流故障产生巨大的有功、无功冲击，易引发送、受端电网频率大幅振荡，以及全网范围的电压大幅波动。

电力系统发生扰动后，电力系统的调频行为按时间尺度由小到大可分为扰动功率按同步功率系数自动分配、惯量响应和频率调节三个阶段。针对频率响应的三个阶段，对应频率安全风险评估指标主要包括：基于扰动后的频率变化率指标、转动惯量指标、暂态频率指标、稳态频率指标、调频备用容量。按照这几个指标，基于高性能并行计算平台的直流复杂故障频率安全在线评估系统（见图 3-51）可根据电网实时运行方式滚动分析特高压直流故障对电网频率稳定分析、新能源脱网分析等。

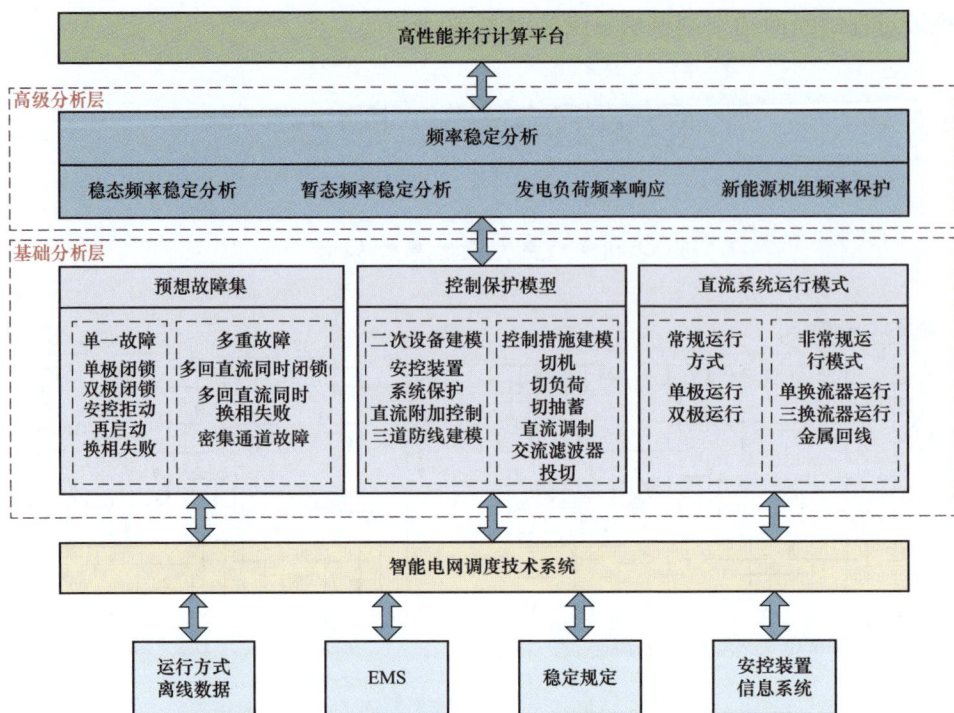

图 3-51 频率安全风险在线评估系统架构

3.4.3 预防与紧急控制协调的安全风险优化决策技术

3.4.3.1 与安全稳定导则理念相适应的电网安全在线风险控制原则

电网运行追求安全与经济并重,通过风险评估与控制可以实现电网运行的安全稳定水平和经济性的有效协调,因而基于风险进行电网运行分析与控制决策的研究与应用日益受到重视。

以 GB 38755《电力系统安全稳定导则》为原则进行电网运行安全风险控制决策,既要体现导则的要求,又要基于风险的概念。导则对电力系统应承受的扰动、电网运行的安全稳定状态和允许采取的控制措施都有明确的规定。根据导则,电力系统承受大扰动能力的安全稳定标准分为三级,对三级安全稳定标准的扰动形态都有明确的规定,尤其是对第一、二级安全稳定标准的扰动定义都很具体。为了应对三级扰动,《电力系统安全稳定导则》和《电力系统安全稳定控制技术导则》规定了相应的控制手段,对应三道防线,预防控制针对 N-1 故障;紧急控制针对特定的预想故障;而校正控制一般不针对特定的运行方式与故障形态。风险概念的两个要素是场景不确定性和危害性后果。电网运行阶段场景不确定性包括电网运行方式的不确定性和预想故障的不确定性，由于电网运行在线控制决策技术是为超短期内的电网运行控制提供支撑，因此，主要是考虑预想故障的不确定性，即不同地点发生各类形态故障的概率差异性。关于电网运行阶段的危害性后果的典型性描述有：中断供电的能量损失；电网运行逾越安全稳定约束，包括设备过载、母线电压越限和暂态失稳等方面；解决稳定问题需要切负荷和切机的控制代价。遵循安全稳定导则要求，进行运行安全风险控制决策的基本原则是：

（1）按导则的要求，对照三级扰动标准确定要进行风险控制的预想故障，以预防控制、紧急控制和校正控制作为第一、二、三级扰动标准预想故障的风险控制手段。

（2）计及不同元件、地点发生各类形态故障概率的差异性。

（3）根据运行控制的需要，从上述危害性后果中选取合适的类型，分析计算控制决策对风险的影响。

（4）以电网运行的安全风险水平替代安全稳定水平作为电网运行的要求，优化控制决策的目标可以是以最小的控制代价将风险水平控制在可接受范围，以合理的控制代价将风险水平降到最小程度，控制风险的收益最大。

（5）预防控制、紧急控制和校正控制之间的协调优化决策原则是预防控制决策以应对第一级扰动标准预想故障下的风险为主，同时计及其实施后对第二、三级扰动标准预想故障的影响，包括预想故障下紧急控制和校正控制动作情况以及电网运行安全风险的影响；紧急控制决策以应对第二级扰动标准预想故障下的风险为主，同时计及其实施后对第三级扰动标准预想故障的影响，包括校正控制动作情况和电网运行安全风险的影响。

跨区电网全局安全风险在线控制总体原则，挖掘三级设防标准对防御故障发生概率和危害性后果的考虑，进一步剖析和凝练安全稳定导则预想故障设防和安全稳定控制理念。具体包括：① 通过计及二、三道防线动作策略的预防控制和紧急调控在线协调决策，改变现有各道防线依据设定故障孤立防御的问题，降低跨区电网全局安全风险；② 从安全性和经济性角度出发，以控制代价和新能源弃电风险之和最小为目标，将约束条件由多类安全稳定约束转变为安全风险可接受，即以合理的控制代价将安全风险降低至电网可接受水平，适应源荷不确定性场景风险防控新需求；③ 电网全局安全风险计算需计及预防控制措施实施后考虑故障概率的二、三道防线当值策略变化以及紧急调控措施引起的风险变化。

应对跨区电网安全风险的预防控制和紧急调控在线协调控制原则，分析预防控制和紧急调控的决策与控制时机、控制措施、适用的风险场景，具体包括：① 通过预防控制在线决策解决高概率、高风险预想故障，通过紧急调控在线决策解决预想故障发生以及二、三道防线动作后达到稳态可能出现的设备过载、断面越限、电压越限、频率越限等安全问题；② 预防控制措施包括：常规机组有功和无功调整、新能源机组有功控制、直流功率调整、容抗器投退；紧急调控措施包括：常规机组开机以及有功和无功调整、新能源机组有功控制、直流功率调整、容抗器投退、柔性负荷控制。

3.4.3.2 综合安全风险和新能源消纳的大电网全局预防控制智能优化决策技术

随着新能源装机容量的迅猛发展，新能源并网规模逐渐增加，新能源出力不确定性给电力系统安全稳定分析与决策带来极大的挑战。基于确定性的传统方法难以科学应对不确定性对系统安全经济运行的影响。风险理论通过量化随机事件发生的可能性和严重性，可以有效度量不确定性因素对系统整体的影响，保证系统在可接受的风险水平范围内。

对于新能源出力不确定性的处理，通常采用置信区间法或场景法：置信区间法基于一定的置信水平决定不确定量的上下边界，生成电力系统大、小运行方式进行分析计算，存在计算结论过于保守的问题；场景法能够对新能源不确定变量进行抽样产生可能出现的场景，通过多个确定性场景来表征不确定变量，针对每个场景进行安全稳定分析计算获得该场景的运行风险，综合所有场景运行风险获得系统安全稳定运行风险。

预防控制通过改变当前运行点至系统安全稳定运行域内以防止事故发生后可能造成的安全稳定问题。当在线分析发现系统运行风险越限时，可以采取预防控制措施有效降低风险。满足安全稳定要求的预防控制策略计算是复杂的高维非线性规划问题，现有技术中提出发电机、负荷和容抗器调整措施对暂态、动态和静态安全稳定共 11 类安全稳定的控制性能指标，基于控制性能指标进行满足多类安全稳定约束要求的在线预防控制辅助决策控制措施搜索。

目前，通常采用的不确定优化方法主要有随机优化和鲁棒优化两类。鲁棒优化通过设定不确定参数的波动范围，寻求最恶劣场景下的决策方案，存在控制代价过大的问题。随机优化在处理的离散场景规模较大时求解时间较长，且由于难以确定系统安全稳定运行风险门槛值而影响其实用性。预防控制针对潜在的可能故障实现事前控制，增加了正常运行的费用，控制代价包括调整火电机组出力的控制代价和限制风电场出力的弃电风险。本节中新能源不确定性电力系统安全风险预防控制方法可解决不确定性的电力系统安全稳定风险预防控制的问题，可以克服现有技术中存在的鲁棒优化方法控制代价过大，以及随机优化方法求解时间过长和难以确定系统安全稳定运行风险门槛值的问题，此方法步骤具体为：

（1）获取未来 t_s 时段的常规机组发电计划、负荷预测数据、新能源厂站发电功率预测数据以及对新能源发电功率不确定变量进行抽样产生的 N_s 个新能源厂站出力场景，基于上述数据生成未来 t_s 时段的 N_s 个安全稳定风险的场景运行方式。

（2）在未来 t_s 时段的 N_s 个安全稳定风险的场景运行方式下进行预想故障集合中所有预想故障的安全稳定评估计算，获得预想故障发生后切除机组总量和切负荷总量；判断切除机组总量和切负荷总量大于允许的最大切除机组量和切负荷量的概率是否大于预先设置的机会约束置信水平，如大于则转入步骤（3），否则结束预防控制计算流程。

（3）建立以包括调整火电机组出力控制代价和限制新能源集群出力弃电风险的预防控制措施控制代价最小为优化目标，预想故障下切除机组总量和切负荷总量大于允许的最大切除机组量和切负荷量的概率小于机会约束置信水平为机会约束条件，潮流平衡约束、火电机组出力约束、新能源集群出力约束、功率平衡约束和系统备用约束为确定性约束条件的安全稳定风险预防控制模型。

（4）计算火电机组和新能源集群出力调整的控制性能指标，将控制性能指标大于设定门槛值的火电机组和新能源集群筛选为有效控制措施集合。

（5）通过求解安全稳定风险预防控制模型获得考虑新能源不确定性的安

全稳定风险预防控制措施。

所述步骤（2）中获得预想故障发生后切除机组总量和切负荷总量的方法为：在暂态安全稳定评估的故障时域仿真计算中计及第二道防线安控装置和第三道防线低频低压减载、解列装置动作模型，统计故障直接引发的切除负荷损失、切除火电机组以及新能源机组脱网量和第二、三道防线安全自动装置切除负荷损失、切除火电机组以及新能源机组脱网量；同时加上新能源机组频率和电压保护动作切除的机组总量，获得故障后暂态过程切除的负荷总量和机组总量。如故障后系统过渡到稳态时依然存在支路过载和断面越限等静态安全问题，则进行静态安全紧急控制策略搜索计算获得故障后稳态过程需要切除的负荷总量和机组总量，将其与暂态过程切除的负荷总量和机组总量相加作为预想故障发生后切除的负荷总量和机组总量。

3.4.3.3　基于预防与紧急控制协调的安全风险优化决策技术

预防控制的特点是系统无故障时就已经实施，预防控制措施一旦实施，就会影响到未来发生的任何故障。按照导则的规定，预防控制针对第一级扰动标准预想故障下存在的安全稳定问题，但在预防控制措施实施后，对第二、三级扰动标准预想故障下的安全稳定特性有影响，因而也可能对稳控系统动作和第三道防线安全稳定校正控制装置动作，以及安全稳定水平都有影响。因此，在进行基于风险的预防控制在线决策时，不但要针对第一级扰动标准预想故障下的电网运行安全风险，而且应计及预防控制对第二、三级扰动标准预想故障下的电网运行安全风险和自动闭环实施的紧急控制措施和校正控制措施的变化情况。根据预防控制的特点，基于风险的预防控制在线决策的流程如图 3-52 所示。

紧急控制基于故障事件驱动，校正控制基于物理量变化轨迹触发，通常紧急控制动作响应速度快于校正控制动作。按照导则，校正控制应对的故障比紧急控制应对的故障严重。因此，一般而言，在校正控制动作前紧急控制策略已经实施。由此可见，需要计及紧急控制策略对校正控制的影响，才能全面体现紧急控制的效用。所以，紧急控制决策可以分为两步：首先是针对防御第二级扰动标准故障的需要，制定安全稳定紧急控制策略；其次是计及它对第三级扰动标准故障下校正控制动作的影响，修正紧急控制策略。安全

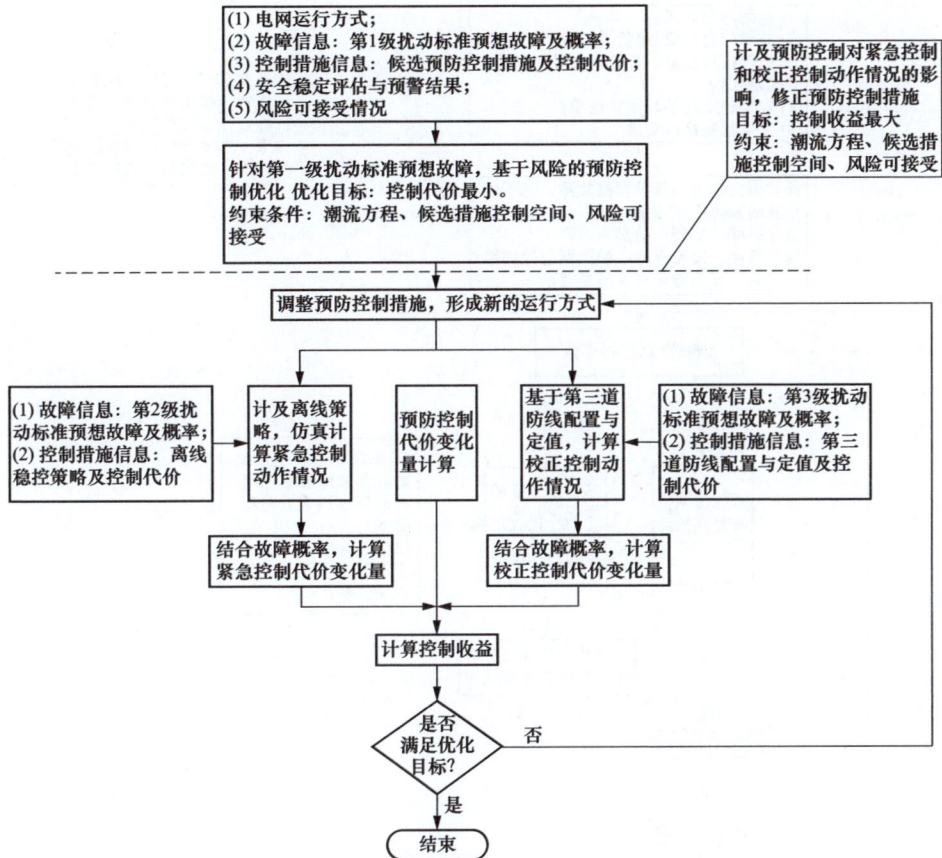

图 3-52　基于风险的预防控制在线决策流程

稳定紧急控制策略都是针对特定故障，根据紧急控制在线预决策的特点，基于风险的紧急控制在线决策的流程如图 3-53 所示。

长期以来，对预防控制和紧急控制的研究一直被割裂开。一方面，对于小概率的严重事件，预防控制并不合理甚至不可行；另一方面，紧急控制的代价往往很高，并且不利于事后的恢复控制。在预防控制和紧急控制之间存在很强的互补性，它们的优化和协调对于市场环境中的互联电网的规划和运行极为重要。稳定性的量化分析是实施先进的预防控制和紧急控制及其协调的基础，而对于不断发展中的电力系统，稳定控制的自适应是关键技术。

预防措施必须同时考虑故障集中的每个故障，而紧急措施则分别针对不同故障。预防控制付出的代价与扰动是否发生无关，而紧急控制则只有在扰动确实发生时才付出代价。预防控制和紧急控制决策的协调问题是混合型的

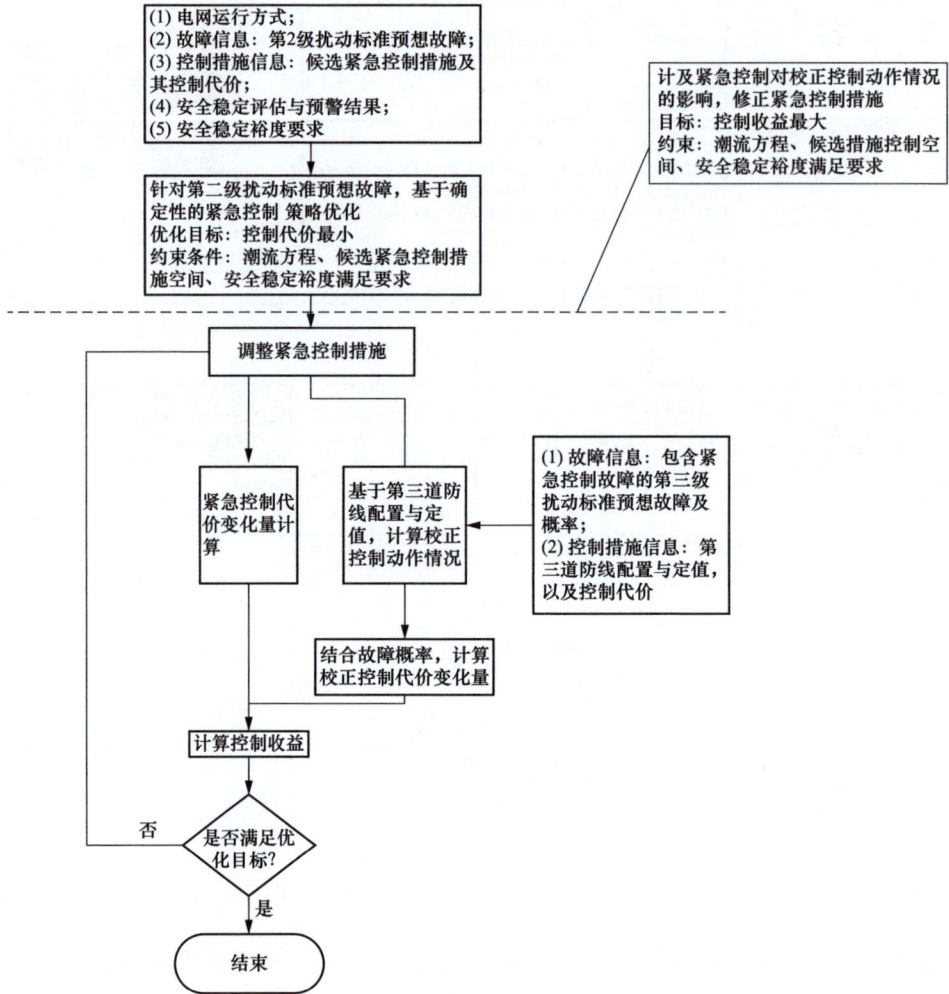

图 3-53　基于风险的紧急控制在线决策流程

非线性规划。假设通过预防控制，将系统运行点由给定点 T_0 移到靶点 T_+。T_+ 对于某些扰动可能仍然不稳定，故一旦发生危及系统安全的扰动时，立即执行专门针对该扰动的紧急控制，以保证系统的稳定性。因此，协调的目标是使从 T_0 到靶点 T_+ 的预防控制代价和 T_+ 对应的各紧急控制代价的概率加权之和为最小。

高维的决策空间、措施间的非线性交互、稳定控制的负效应、稳定裕度的非凸性和目标函数的局部极值进一步增加了协调预防措施和紧急决策的复杂性，需要为寻优开发新算法。为此，计算各措施的性能代价比，即单位控制量引起的稳定裕度的变化除以其控制代价，该值与已采用的措施有关。根据性能代价比的大小来选择措施的种类；根据稳定裕度的灵敏度来选择措施的强度。同时注意扩展等面积准则（extended equal-area criterion，EEAC）所揭示的机理，例如稳定控制的负效应增加了新的动态约束：当切机使某厂的机组从临界群移至剩余群时，进一步切这些机便会对前摆稳定不利；当切机使得稳定裕度增加很小或甚至下降时，不应再切同类机；当快关使得反摆失稳时，不应再增加快关措施。

先在不采用紧急控制的条件下，针对扰动全集求取预防控制的最优解。若不存在可行解，说明必须考虑紧急控制。搜索紧急控制子问题最优解的过程如下。以初始可行解为起点，沿具有最小性能代价比的措施方向减小控制量，直至系统不稳；再在性能代价比高于该值的措施子空间中按性能代价比的大小依次增加控制量，直至不但系统稳定，而且减小其任何措施的控制量，都无法用性能代价比更高的措施来改进。这一稳定解就是在不采取预防控制措施的条件下，能使系统稳定且代价最小的最优紧急控制解。

紧急控制比预防控制合理的情形可能发生在远距离传输水电时。否则，就应该在两者之间进行协调，即以子问题的最优解为初始解，开始优化。若该初始解各项紧急控制性能代价比中的最小值大于预防控制性能代价比中的最小值，则用后者取代之。如此不断寻优，直到两者相等。

3.4.4 在线安全风险评估技术与防御系统

3.4.4.1 大电网在线安全风险评估与智能防御决策系统整体架构

大电网在线安全风险评估与智能防御决策系统的体系架构的实施方案如图 3-54 所示，主要包括数据层、计算层和应用层。首先，数据层主要充分利用现有智能电网调度技术支持系统 D5000 的基础平台，实现不同调度机构之间、不同子系统之间、不同应用功能之间的数据交互、数据处理、信息发布及人机交互，为系统的分析计算提供基础数据的存储、交互、发布和处理服务。然后，计算层主要分析高风险运行场景、安全风险和输电能力评估、全局安全风险智能优化决策功能对网络通信、数据存储、历史查询、信息发布和高性能并行计算等软硬件资源的需求，配置系统的软件资源和硬件设备，配置系统所需的软硬件计算资源。最后，应用层的建设主要结合高风险运行

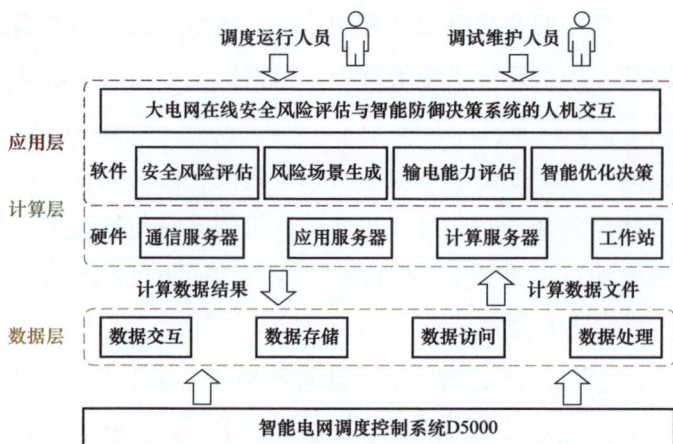

图 3-54　大电网在线安全风险评估与智能防御决策系统总体构架

场景、安全风险和输电能力评估、全局安全风险智能优化决策等应用功能的需求，设计高比例新能源电网稳定域构建与控制决策软件的应用功能规范、人机交互方式和结果展示界面，满足调度运行人员对系统的应用需求和工程人员调试维护工作的需要。

3.4.4.2　大电网在线安全风险评估与智能防御决策应用

大电网在线安全风险评估与智能防御决策软件（见图 3-55）分为三个模块，分别是计及特高压跨区电网源荷不确定性的在线高风险运行场景生成模块、面向不确定性的大电网安全风险和可用输电能力快速评估模块、考虑预防与紧急控制协调的大电网全局安全风险智能优化决策模块。

在线高风险运行场景生成模块通过在线提取电网安全稳定特征，量化评估源荷参与程度，对电网的运行方式进行筛选和聚类，修正严重故障概率，实现高风险运行场景的在线生成，为安全风险在线评估与智能防御提供基础数据支撑。

大电网安全风险和可用输电能力快速评估模块包括三个方面：快速综合评估区域电网安全风险、在线评估特高压直流送受端电网可用输电能力以及交直流跨区电网送受端耦合安全风险在线评估，实现电网安全风险在线评估和可用输电能力在线计算，为特高压跨区大电网经济调度运行与风险预防预控提供技术支撑。

电网全局安全风险智能优化决策模块基于与安全稳定导则理念相适应的电网安全在线风险控制原则，综合考虑安全风险和新能源消纳最大，利用机器学习等人工智能技术优化决策全局预防控制策略，最后以安全风险最低为目标协调优化预防与紧急控制策略。

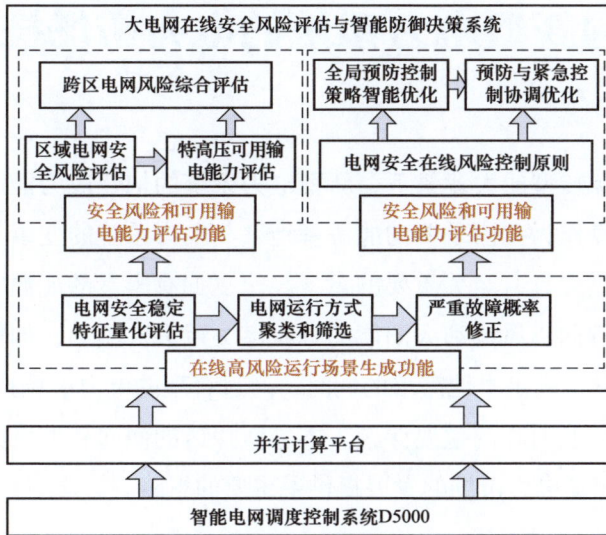

图 3-55　软件架构示意图

4

面向新型电力系统的电力市场技术

在当今能源转型的大背景下，新型电力系统的构建成为能源领域发展的重要方向。宁夏作为我国重要的能源基地，其电力系统的变革与发展对于地区经济和能源供应具有至关重要的意义。宁夏拥有丰富的能源资源，尤其是在可再生能源方面，风能和太阳能的开发潜力巨大。然而，如何高效地利用这些能源，使其在满足本地需求的同时，通过合理的电力市场技术实现外送，成为宁夏电力行业面临的重要课题。本书所探讨的面向新型电力系统的电力市场技术，为宁夏电力市场的发展提供了重要的思路。

4.1　多通道外送辅助决策技术

本节首先构建多直流通道下的外送电市场空间评估模型；进一步地，对区域外送能力竞争态势进行了评估，并通过构建外送交易决策模型提出考虑风光储输一体化的外送电市场灵活交易策略；最后，在对新能源典型出力特性以及主要行业用户典型负荷特性分析的基础上，规划源网荷储平衡交易机制的建设路径，并提出源网荷储区内平衡交易机制。

4.1.1　外送市场空间建模

为评估电网的外送能力，为外送交易策略制定提供边界条件，基于电网供需平衡、考虑外送通道约束，构建了外送电市场评估模型，用以计算分月最大外送能力曲线、最大外送电量，外送电市场评估模型及模型输入输出（见图 4-1）可表示为

$$P_{\text{max-out,y}} = (P_{\text{cg,y}} + P_{\text{cr,y}} + P_{\text{cm,y}} + P_{\text{cpu,y}}) \times \lambda_{\text{c}}$$
$$+ (P_{\text{gg,y}} + P_{\text{gr,y}} + P_{\text{gm,y}} + P_{\text{gpu,y}}) \times \lambda_{\text{g}} + \qquad (4\text{-}1)$$
$$P_{\text{h,y}} + P_{\text{w,y}} + P_{\text{pv,y}} - P_{\text{pur,y}} - P_{\text{l,y}} - P_{\text{r,y}}$$

由此得

$$P_{\text{max-out,y}} \leqslant \sum_{i=1}^{N} P_{\text{DC-channel},i}$$

式中：$P_{\text{max-out,y}}$ 为每月最大的外送功率；$P_{\text{cg,y}}$ 为燃煤机总装机容量输出的功率；$P_{\text{cr,y}}$ 为燃煤机受阻少发的功率；$P_{\text{cm,y}}$ 为燃煤机检修少发的功率；$P_{\text{cpu,y}}$ 为煤厂自用功率；$P_{\text{gg,y}}$ 为燃气机总装机容量输出的功率；$P_{\text{gr,y}}$ 为燃气机受阻少发的功率；$P_{\text{gm,y}}$ 为燃气机检修少发的功率；$P_{\text{gpu,y}}$ 为燃气厂自用功率；$P_{\text{h,y}}$ 为水力发电输出功率；$P_{\text{w,y}}$ 为风力发电输出功率；$P_{\text{pv,y}}$ 为光伏发电输出功率；$P_{\text{pur,y}}$ 为外购店预测消耗功率；$P_{\text{l,y}}$ 为统调负荷预测消耗功率；$P_{\text{r,y}}$ 为系统备用功率；$P_{\text{DC-channel},i}$ 为某直流通道的最大输送能力。

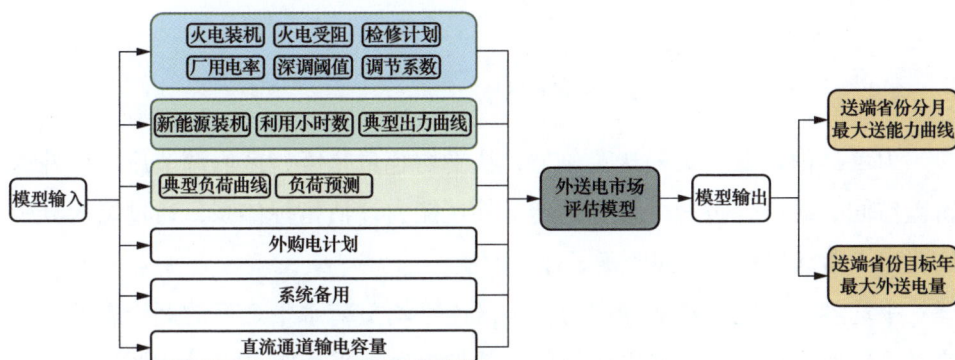

图 4-1 外送电市场评估模型输入输出

以"十四五"规划数据为边界条件，通过外送电市场评估模型测算宁夏 2025 年外送能力，结论如下：

（1）2025 年宁夏全年外送规模可达 1400 亿～1500 亿 kWh，其中新能源外送规模约 320 亿～350 亿 kWh。

（2）午间时段送电能力充足，超过直流通道总输电能力，建议通过调动区内调节资源、加大西北省间互济促进新能源消纳。

（3）早晚时段送电能力较弱，建议通过调动区内调节资源、省间外购电量提升外送能力。

宁夏 2025 年各场景下最大外送能力曲线如图 4-2 所示。

图 4-2　宁夏 2025 年各场景下最大外送能力曲线

4.1.2　外送市场竞争态势评估

为更具像化地衡量外送竞争力，从平均容量裕度、区内调节压力、外送价差空间、通道容量四个维度构建了外送能力评估指标体系，通过层次分析法确定了指标权重，继而明确了评估模型。

平均容量裕度是指送端省份扣除区内平均负荷水平之后的剩余有效发电容量。针对历史情况，发电机组的有效发电容量采用统计年份统调发电量与全年小时数的比值来表征；针对未来情况，则采用预测统调发电量与全年小时数的比值来表征。同理，平均负荷水平采用历史统调用电量或预测统调用电量与全年小时数的比值来表征。

外送曲线的稳定性是送端省份重要竞争力体现之一，为便于衡量及对比分析，本书以送端省份区内调节压力为指标，通过净负荷曲线（负荷曲线扣减新能源上网曲线）的峰谷差率表征送端省份区内电力平衡的难度，峰谷差率越大，为维持区内电力平衡的调节压力越大，对外送曲线稳定性的保障越低。

通道容量指送端省份外送直流通道可用容量之和。当前有些直流通道输电能力并未达到其设计容量，因此基于历史数据的评估采用实际输电容量，对于未来外送能力的评估则采用直流通道的设计容量。

外送价差空间表征的是送、受两端的参考价格差距，价差空间越大，送端省份议价空间也就越大，利用自身优势寻求高价（相对）外送的机会越大。参考价格可以选择静态的标杆电价，也可以选择动态的省内交易均价。

采用层次分析法确定二级指标权重为

$$W_i = \{0.4819, 0.0657, 0.3007, 0.1517\} \qquad （4-2）$$

$$P_{\text{out}} = 0.4819\overline{\gamma} + 0.0657RP_{S1} + 0.3007CA_{\text{channel}} + 0.1517SP$$

式中：P_{out} 表示外送能力；$\overline{\gamma}$ 表示平均容量裕度；RP_{S1} 表示"1-省内调节压力"；CA_{channel} 表示通道容量；SP 表示外送价差空间。

外送市场竞争态势评估指标体系如表 4-1 所示。

表 4-1　　　　　　　　　外送市场竞争态势评估指标体系

目标层	准则层	指标层	指标计算
外送能力	平均容量裕度	火电有效发电容量	$CA_{Yi} = \sum_{j=1}^{M} PG_{\text{effective},Yi}^{j} - PL_{\text{average},Yi}$
		新能源有效发电容量	
		水电有效发电容量	
		平均负荷水平	
	区内调节压力	净负荷曲线峰谷差率	$R = \left[\max\left(P_{\text{load},t} - P_{\text{NE},t}\right) - \min\left(P_{\text{load},t} - P_{\text{NE},t}\right) \right] / \max\left(P_{\text{load},t} - P_{\text{NE},t}\right)$
	通道容量	通道容量	$CA_{\text{channel}} = \sum_{i=1}^{N} P_{\text{channel},i}$
	外送价差空间	外送价差空间	$SP = \left[\text{ave}\left(P_{r,k} - P_s\right) \right] \div P_s$

基于西北五省实际运行数据，通过模糊综合评价方法，得到西北五省的外送能力由强到弱依次为新疆、宁夏、甘肃、青海、陕西。西北五省外送能力各维度对比图如图 4-3 所示。

以宁夏电网为例，其整体优势在于富裕发电能力强、输电容量充足，区内基准电价较低，劣势在于净负荷曲线峰谷差较大，区内的调节压力大。对宁夏而言，提升外送能力可重点从两方面着手：① 加强区内调节能力，保障外送曲线的稳定性；② 利用西北省间互济，弥补短时电力缺口。

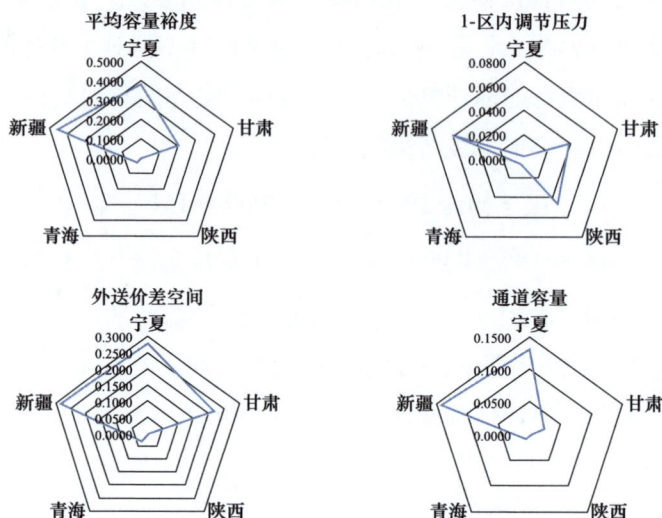

图 4-3　西北五省外送能力各维度对比图

4.1.3　外送市场灵活交易策略

多直流通道、多类型电源背景下的外送交易策略，本质是对外送能力的优化配置。通过构建外送交易决策模型和受端省份购电优先级排序打分体系，实现不同供需环境下外送能力的统筹分配；建立外送方案关键评价指标，实现了不同外送方案的"量、费"多维对比，为宁夏外送交易提供决策支撑。以宁夏电网为例，其外送交易策略模型流程示意图如图 4-4 所示。

受端省份购电优先级排序打分体系包含曲线贴合度、意向价格、新能源配比需求三个分项。

曲线贴合度：指受端购电曲线扣减配套电源出力曲线后，与受端内富裕发电能力曲线的相似度，相似度越高分数越高。

意向价格：指受端省份的意向价格折算成宁夏的上网电价，价格越高分数越高。

新能源配比：指受端新能源购电需求扣除配套新能源发电量后，受端对新能源配比的计算式为新能源需求占省内新能源发电量的比例，该比例越高分数越低。

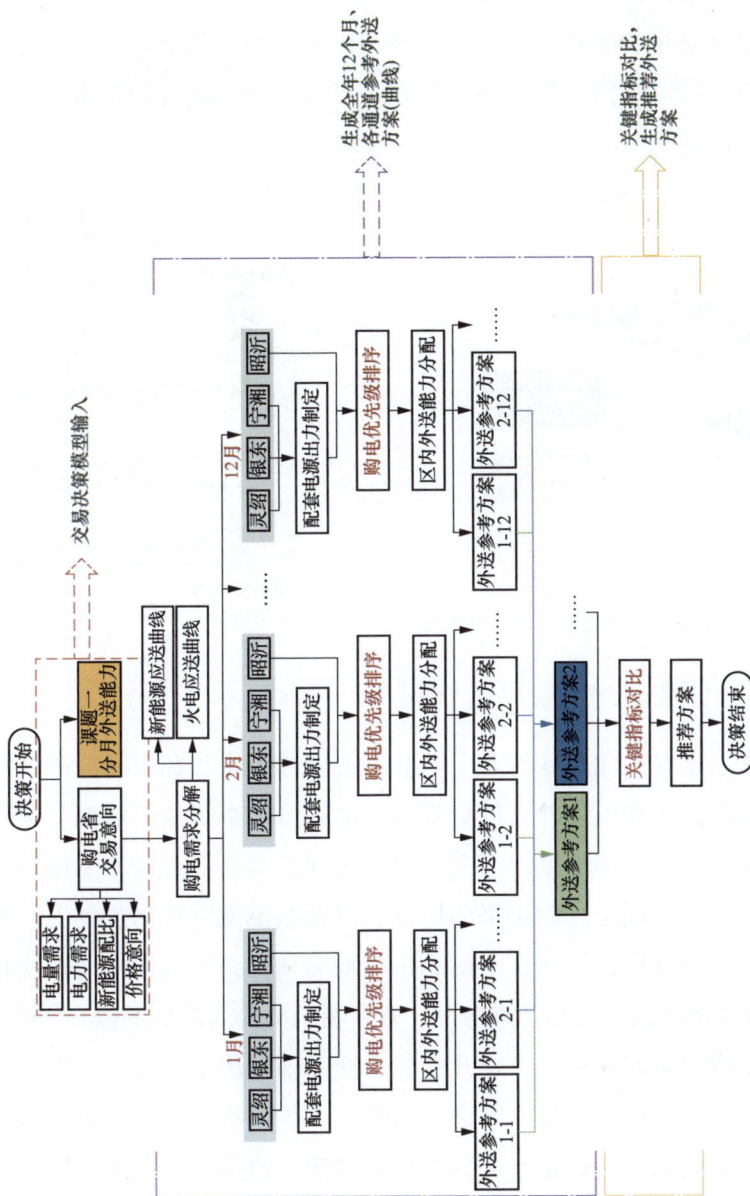

图 4-4 外送交易策略模型流程示意图

注："1-1"前面的 1 表示区分不同方案的编号，后面的 1 表示月份；

"2-1"表示 1 月份外送方案 2；1-2 表示 2 月份外送方案 1；

"1-12"表示 12 月份外送方案 1；其余类似。

$$NRP = CF + 2IPF + 3NERDF$$

式中：NRP 表示新能源配比；CF 表示曲线贴合度分数；IPF 表示意向价格分数；$NERDF$ 表示新能源配比需求分数。

关键指标包括电量和收益两个层面，其中电量包括总外送电量、新能源外送电量；收益包括电厂侧收益、输电收益。图 4-5 为受端省份购电优先级排序打分逻辑示意图。

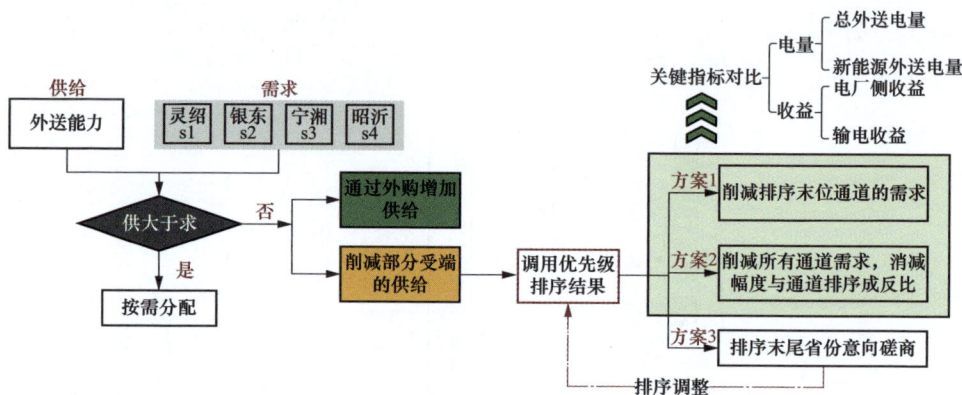

图 4-5　受端省份购电优先级排序打分逻辑示意图

4.1.4　外送交易辅助决策平台建设

宁夏作为我国重要的能源基地之一，其电力资源丰富且在全国能源格局中占据着独特的地位。在电力外送的进程中，面临着诸多复杂的情况与关键决策点。一方面，需要精准地把握与受端省份之间的交易契合度，无论是从购电曲线的贴合程度，还是意向价格的协商，以及新能源配比的规划上，都需要精细考量。另一方面，如何在不同的市场环境和自身能源结构动态变化下，实现电力资源的高效外送与合理分配，是宁夏电力外送战略的核心挑战。

基于上文介绍的研究成果，设计开发外送交易辅助决策平台，实现对分月外送能力滚动测算、外送交易方案模拟仿真、多方案指标对比，最终实现宁夏分月外送方案的场景化制定。平台包括驾驶舱、数据管理、外送能力测算、外送交易辅助决策四大模块。

4.1.4.1　受端需求录入

以上文外送能力测算结果为边界，利用外送交易辅助决策平台决策各直流通道的外送参考方案。直流受端省份交易量价意向、分月曲线需求如图4-6所示，按照外送交易决策模型逻辑，通过配套电源出力制定、购电优级排序、外送能力分配、外送方案确认等关键流程形成参考方案。该模块主要功能为获取并录入购电省的购电需求并分月展示。

受端省份	通道名称	交易意向			
		总购电量（亿千瓦时）	火电价格（元/MWh）	新能源价格（元/MWh）	新能源购电量（亿千瓦时）
山东省	银东直流	230.5	395	395	10
湖南省	宁湘直流	300	480	480	150
浙江省	灵绍直流	540	425	320	80
山东省	昭沂直流	82	400	400	10

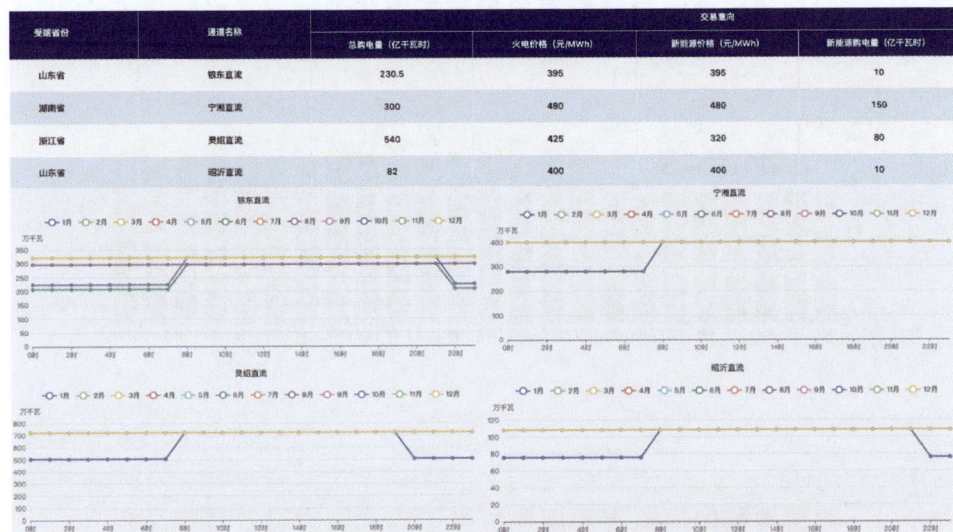

图 4-6 宁夏外送交易辅助决策平台购电需求录入模块

4.1.4.2 配套电源出力制定

根据各直流通道购电需求，优先制定配套电源出力曲线，其中配套新能源曲线根据宁夏对应月份新能源典型出力曲线制定（见图4-7）。

4.1.4.3 购电优先级排序

根据曲线贴合度指标、意向价格指标、新能源配比指标评分情况，给各条直流通道进行购电优先级排序（见图4-8）。支撑指标权重灵活调整，以适应不同的决策场景；支撑优先级排序调整，以适应受非结构性因素影响下的外送决策。

4.1.4.4 区内外送能力分配

以购电优先级排序结果为依据，优化外送能力分配。供小于求场景下，支撑多分配方案的生成，支撑自定义方案的生成。

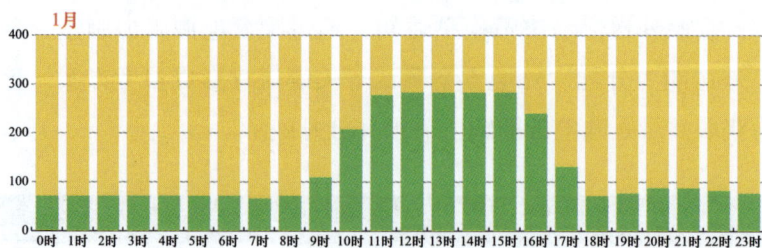

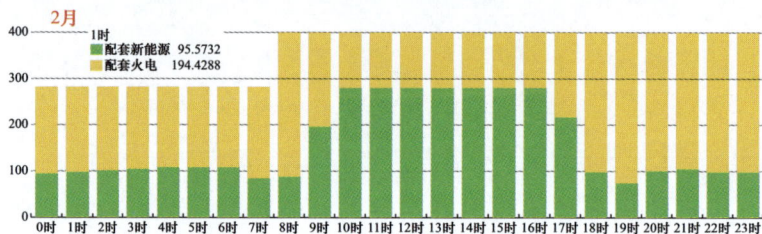

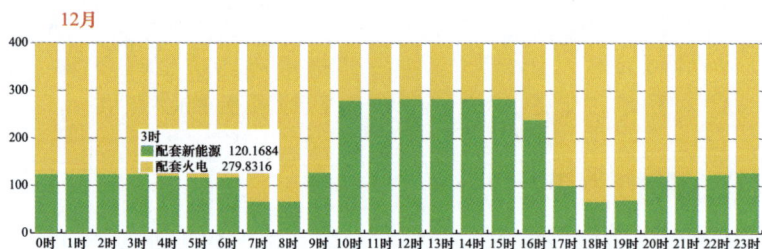

图 4-7　宁夏外送交易辅助决策平台配套电源出力制定模块

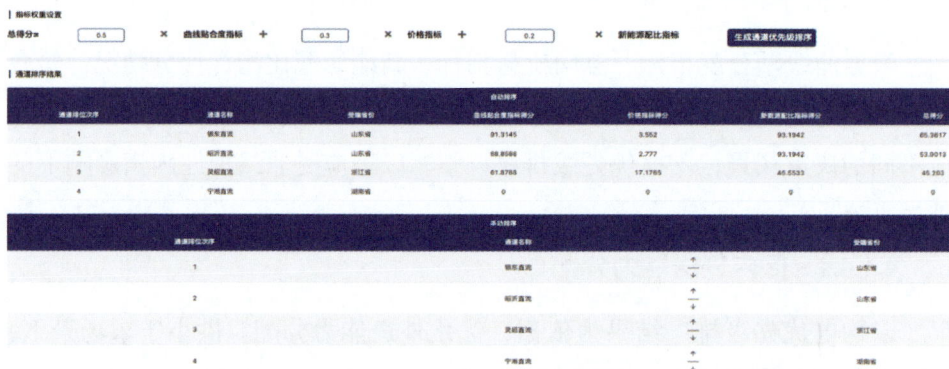

图 4-8　宁夏外送交易辅助决策平台受端省份购电优先级排序模块

4.1.4.5 外送方案确认

以外送总电量、新能源外送电量、电厂侧收益等关键指标为依据，对不同外送方案进行对比排序。考虑不同的电网环境及外送目标，选择相适应外送方案作为参考，为实际省间谈判提供决策支撑。

在宁夏电力外送交易辅助决策平台中，为了科学合理地制定外送方案，需要对不同方案进行详细的对比和评估。

图 4-9 展示了宁夏外送交易辅助决策平台多方案对比模块。该模块主要依据外送总电量、新能源外送电量、电厂侧收益等关键指标，对不同外送方案进行直观的对比。从图中可以看到，针对默认方案、自定义方案 1 和自定义方案 2 等不同方案，分别在预期外送总电量、预期新能源外送电量和预期电厂收益三个方面进行了详细的柱状图展示。通过这些可视化的数据，决策者能够清晰地了解各方案在不同指标下的表现，从而进行初步筛选。

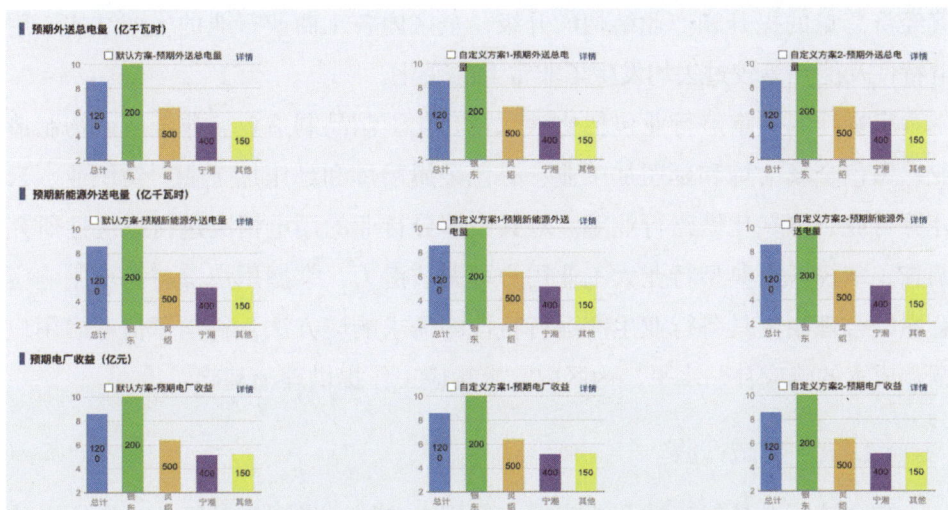

图 4-9 宁夏外送交易辅助决策平台多方案对比模块

图 4-10 呈现了宁夏外送交易辅助决策平台推荐方案详情查询模块。在多方案对比的基础上，当需要深入了解某些推荐方案的详细信息时，该模块提供了全面的数据支持。图中以表格形式展示了不同方案在电量、电价、新能源电量等多个维度的数据，并且还通过柱状图展示了各方案在电量分配上的情况。这些详细信息能够帮助决策者进一步分析和确认最终的外送方案，为

实际省间谈判提供坚实的决策依据。

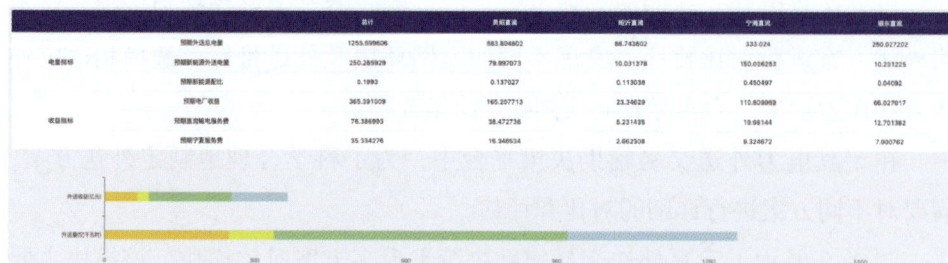

图 4-10   宁夏外送交易辅助决策平台推荐方案详情查询模块

4.2   考虑需求侧资源的市场机制

4.2.1   需求侧资源响应特性及价值评估

作为全国高载能高耗能行业占比较大的省份，近几年宁夏快速发展，随着经济总量的提升和产业结构的升级，全区内各工商业行业的生产结构、用电特性及能耗等较过去均发生了非常大的变化。

宁夏地区的重点行业包括化学原料和化学制品制造业、非金属矿物制造业、黑色金属冶炼和延压加工业、有色金属冶炼和延压加工业、纺织业、云计算行业、电气化铁路行业等。对其中部分行业的用电情况进行系统性研究调查，掌控区内典型行业大工业用户可调节潜力，掌握用户参与需求侧响应意愿，合理制定具备行业生产运行特性的需求响应方法，科学评估考虑用户调节成本的响应补贴水平，为区内需求响应工作提供理论基础。

4.2.1.1   氯碱行业

结合该行业具代表性企业疫情前后用电曲线，发现氯碱行业生产用电的特点是电力为主要原料，耗电量大，不受季节性影响，24 小时生产、电压等级高、用电连续、波动性强，夏季生产需降温、冬季生产因取暖等设备运行使电量增加。疫情后该类行业企业采用了避峰生产，生产过程中的电解槽耗电量最高。

电力成本占企业生产成本的 50%～80%，企业普遍采用网购电方式，电力供应情况和电价对氯碱产品的生产成本影响很大。

氯碱行业代表性企业四季分时段用电负荷曲线图如图 4-11 所示。

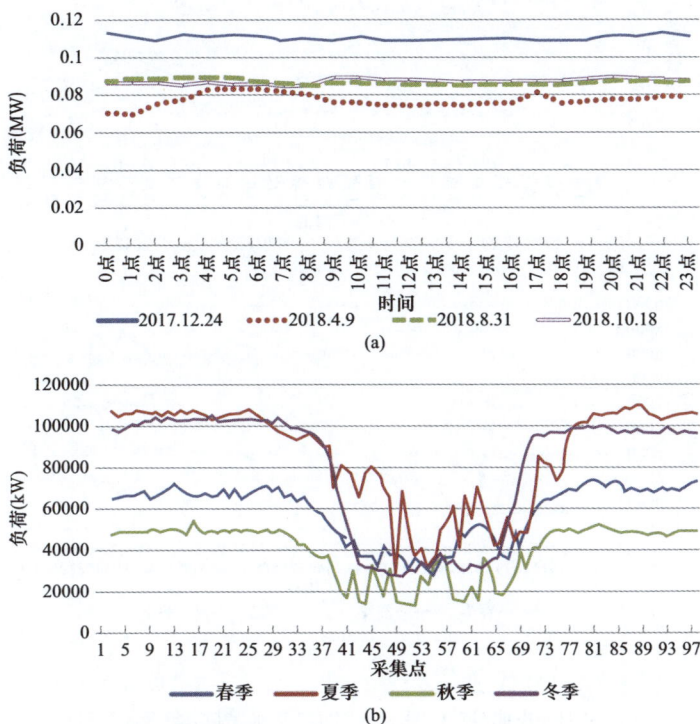

图 4-11　氯碱行业代表性企业四季分时段用电负荷曲线图
（a）4 日用电曲线对比图；（b）2022 年曲线图

4.2.1.2　水泥制造行业

结合该行业具代表性企业疫情前后用电曲线，发现水泥企业因需保证熟料烧制工序的温度，普遍采用全天 24 小时生产制度，不同季节的负荷峰谷时段不同，原因可能是有避峰生产的排班计划，但熟料烧制设备基本不会停止用电，谷时段进行研磨类电机的运行。年内 3～10 月为用电高峰期，企业会启用多条生产线，生产设备长时间运行，负荷变化较大，为生产旺季，12～第二年 2 月冬季用电量较少、销量少、为销售淡季，企业通常会减少生产，报停一定数量的变压器，由于疫情影响，该企业在冬季选择关停。

企业生产用电占成本较低，研磨类电机用电量最大，通常会 24 小时使用，企业均采用网购电方式。

水泥行业代表性企业四季分时段用电负荷曲线图如图 4-12 所示。

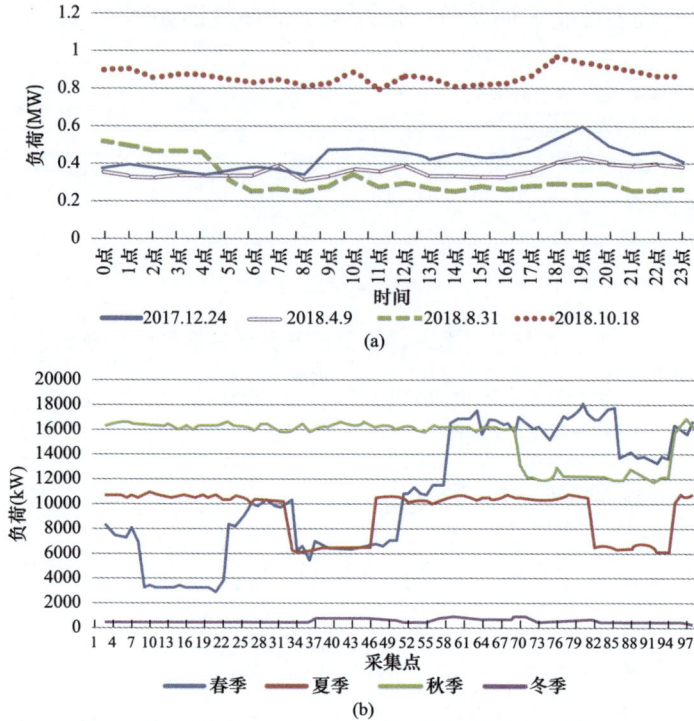

图 4-12　水泥行业代表性企业四季分时段用电负荷曲线图

（a）4 日用电曲线对比图；（b）2022 年水泥制造负荷曲线图

4.2.1.3　碳化硅行业

结合该行业具代表性企业疫情前后用电曲线，发现因用电设备耗电量巨大，碳化硅行业用电明显受峰、谷、平时段影响较大，春季生产多集中于谷时段与平时段，峰时段减少生产或停止生产，除检修时间外保持全年生产，秋冬两季保持平稳负荷。企业生产用电量较大，受电价影响也较大，在疫情下该行业的用电趋势基本未受影响。碳化硅行业代表性企业四季分时段用电负荷曲线如图 4-13 所示。

企业生产中电力成本占企业生产成本的 50% 左右，电阻炉耗电量最大，普遍 24 小时运行。企业均采用网购电方式。

4.2.1.4　铝冶炼行业

结合该行业具代表性企业疫情前后用电曲线，发现铝冶炼行业普遍供电电压等级较高，因铝电解需要连续性生产，企业普遍保持 24 小时全年生产，

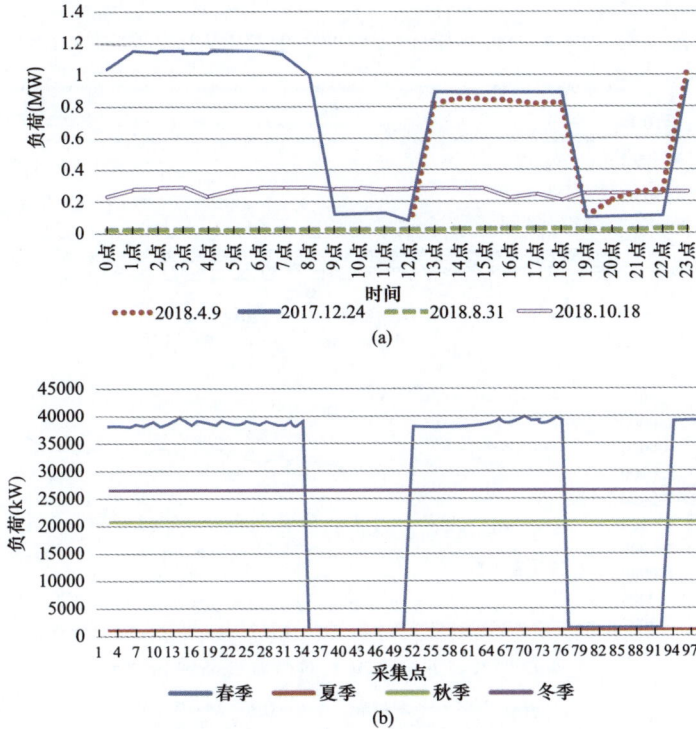

図 4-13 碳化硅行业代表性企业四季分时段用电负荷曲线图

（a）4 日用电曲线对比图；（b）2022 年碳化硅企业负荷曲线图

不受峰、谷、平时时段影响，负荷总体较为平稳。冬季环境温度低，相应辅助设备投运减少，其中，疫情后冬季用电负荷波动性较大，原因可能是疫情影响生产量，企业在冬季采用增加库存的生产计划。常用高压设备有净化风机、空压机，低压设备为水泵、冷却风机等。

该行业电量消耗大，用电成本占生产成本的 70% 及以上，电价的变动对企业影响很大。电解槽的耗电量最大，且需 24 小时不间断运行。该行业普遍采用网购电方式。铝冶炼行业代表性企业企业四季分时段用电负荷曲线图如图 4-14 所示。

4.2.1.5 铁合金冶炼行业

结合该行业具代表性企业疫情前后用电曲线，发现铁合金生产行业普遍采用 24 小时生产模式，较少受峰谷平时段影响。企业主要生产设备为矿热炉、电炉，属高压电机，功率 27000kW 及以上，需 24 小时连续运行，开停

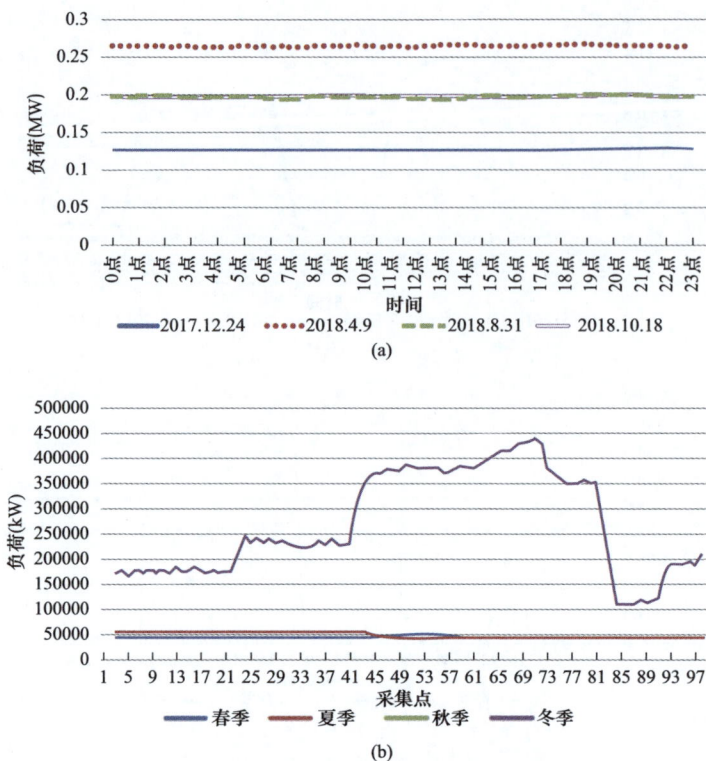

图 4-14　铝冶炼行业代表性企业四季分时段用电负荷曲线图

（a）4 日用电曲线对比图；（b）2022 年铝冶炼负荷曲线图

对负荷影响较大。其中，疫情后夏季设备处于关停状态，秋冬两季保持平稳负荷，春季由于订单量较大，企业保持高负荷生产。生产用电占企业成本的60%～70%，普遍采用网购电方式，部分规模以上企业有自备电厂。铁合金冶炼代表性企业四季分时段用电负荷曲线图如图 4-15 所示。

　　不同的电力需求侧资源参与电网调节时具有不同的效果，综合价值较高的电力需求侧资源参与电网调节时给电网带来的效益更大。同时，电网的运行也会受到气候环境、人为失误、设备故障等不同因素的影响，不同情况下电网所收到的冲击时不一样，有些较小的冲击电网自身的恢复能力可以自行平息。当电网自身无法恢复时，便可以调用电力需求侧资源来进行调节。为提高电网调用电力需求侧资源的使用效率，防止造成资源浪费，提出了基于电力需求侧综合价值梯级利用策略。

　　在对多指标进行评价时，因为各指标的样本数据是有限的，并且数据之

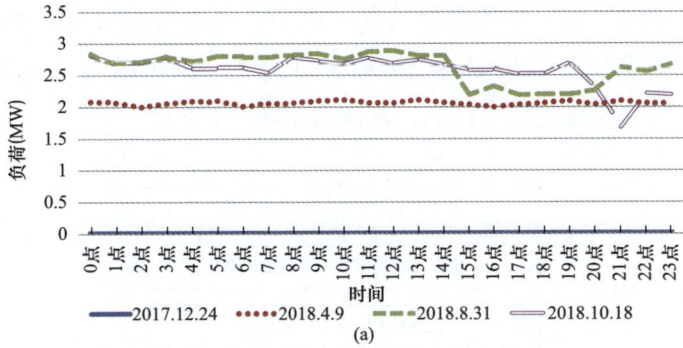

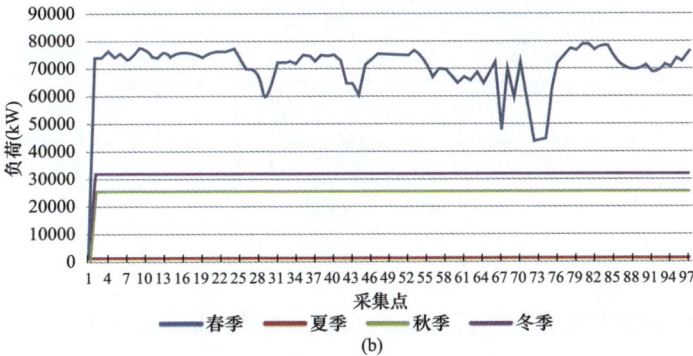

图 4-15　铁合金冶炼代表性企业四季分时段用电负荷曲线图

（a）4 日用电曲线对比图；（b）2022 年铁合金冶炼负荷曲线图

间的关系很难直观判断。在这种情况下，只能明确一部分信息，部分信息不足，甚至可能未知。仅利用传统的逼近理想点法无法精确的反映出原始数据中存在的关系结构，导致其评价结果不具有有效性。为此，有研究者将灰色关联分析与逼近理想点法结合，提出一种灰色关联理想点组合分析法。灰色关联理想点法通过构建灰色关联矩阵，再利用逼近理想点法进行评价，可以克服不足，从而提高最终计算结果的有效性。

　　对电力需求侧资源综合价值评估同样如此，不能凭借主观意识断言各指标之间一定存在确定的关系，或者完全没有关系。利用灰色关联理想点组合分析法，可以在有限的信息下，反映出电力需求侧资源综合价值与理想价值的差距以及各因素之间变动关系，从而使价值评估趋于合理。

　　依据电网运行中遭遇冲击的严重程度以及电网所需恢复能力的紧迫程度，将电网需求分为"紧急需求、中等紧急、普通需求"三个等级。在不同等级情况下调用不同价值等级的电力需求侧资源，即紧急需求情况下调用最高价值的电力需求侧资源；中等紧急情况下调用中等价值的电力需求侧资源；普通需求情况下调用一般价值的电力需求侧资源，从而达到"高价值紧急用，低价值普通用"的梯级利用目的，具体如图 4-16 所示。

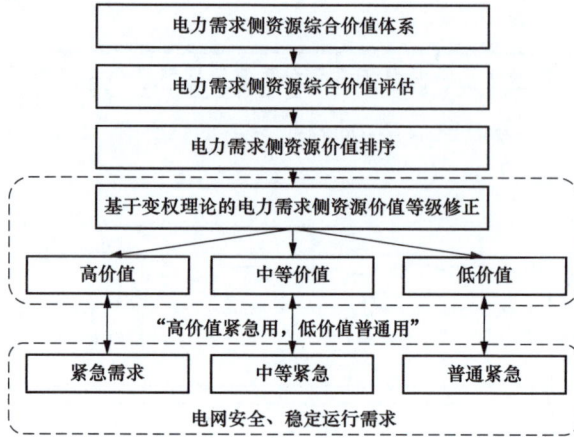

图 4-16　电力需求侧资源梯级利用原则

基于提出的电力需求侧资源综合价值评估体系，利用电力需求侧资源综合价值评估模型，对有意愿参与电网调节的电力需求侧资源的综合价值进行事前评估，对所有电力需求侧资源的综合价值评估结果进行排序，设立价值等级。同时，结合电网企业自身需求及电网运行状况，在遵循梯级利用原则的情况下，与各个电力需求侧资源提供商签订调用合同，以便在电网安全稳定运行遭遇冲击时，调用最为合适的电力需求侧资源来有效解决电网运行中的问题，快速、有效地帮助电网恢复稳定运行。电力需求侧资源梯级利用策略一方面可以帮助电网实现对电力需求侧资源的充分利用；另一方面还可以有效提高电力需求侧资源提供商参与需求响应的积极性。

4.2.2　需求侧资源参与调度策略

4.2.2.1　用户聚合关键机制

整个需求响应业务中也发挥着负荷聚合商的作用。负荷聚合商可以管理的需求侧资源包括电负荷、热负荷以及用户的储能与分布式电源，通过有效整合利用需求侧资源参与电力市场竞价获利。但是负荷聚合商不拥有需求侧资源，而是获取资源控制权。为获取资源控制权，一般负荷聚合商为其用户提供比电网更优惠的购电电价，并对参与响应的需求侧资源给予相应补贴。负荷聚合商可以通过需求侧管理引导用户改变其负荷曲线为系统运营商提供辅助服务，系统运营商通过与负荷聚合商协商制定交易合同购买服务；通过电价或者经济激励手段实施需求侧管理，以引导需求侧用户做出响应，改变其用电方式，削峰填谷。负荷聚合商实时需求侧管理的方式为制定相应的电价机制、进行直接负荷管理和与用户签订削减负荷合同。负荷聚合商根据对用户的负荷预测、可再生能源预测情况制定峰谷平时间段及其电价，使用户自发调整用电结构。为了更好地使中小型负荷参与市场，负荷聚合商可以对于可转移负荷进行直接负荷管理，对于可削减负荷根据负荷特性与用户签订削减负荷合同。用户向负荷聚合商上报可转移负荷的负荷曲线、工作时间段和必须工作时间，负荷聚合商可以通过无线开关进行远程控制。负荷聚合商根据参与可削减负荷项目用户的用电特点，给予参与响应的用户一定补贴。需求响应业务实施架构如图 4-17 所示。

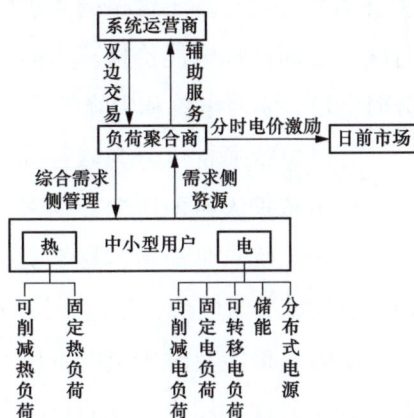

图 4-17 需求响应业务实施架构

4.2.2.2 需求响应调节机制分析

（1）基于激励的需求响应。基于激励的需求响应是指通过制定确定或变化的奖励政策，激励用户响应系统削减负荷或提供备用的需求，包括直接负荷控制、紧急需求响应、可中断负荷、需求侧竞价和容量／辅助服务计划等。

激励型需求响应的市场主体包括售电公司、电力批发大用户以及负荷削减提供商，它们共同组成了批发市场下需求响应代理商。售电公司或批发用户负责向交易中心申报其代理区域的次日负荷购买量和可接受电价，而激励型需求响应代理商负责向交易中心申报其代理用户的削减负荷电量和削减成本。激励型需求响应代理商可以是售电公司或电力大用户，也可以是第三方中间代理机构，专门收集终端用户的可削减负荷资源并上报给交易中心，从中赚取管理费用。

遵循"谁受益，谁承担"的市场原则，激励型需求响应费用应由能量市场的最大受益方缴纳，即由其他同时段出清的负荷均摊。计及激励型需求响应的费用后，用户的购电成本为市场出清电价与激励型需求响应费用系数分摊电价之和。

（2）基于价格的需求响应。价格型需求响应是需求响应的核心。电价是电力市场交易的关键，也是对用户用电行为进行需求调控的有效手段。价格型需求响应指的是通过在不同时段制定不同的电价费率来调控用户需求量，鼓励用户在低电价时段多用电，在高电价时段减少用电，进而调控电力系统，缓解系统容量。基于价格的需求响应政策的实施，使用户可以通过选择用电时间，进而选择电能价格。当前，负荷参与的价格型需求响应机制主要包括分时电价、实时电价和尖峰电价。

分时电价通常可分为峰谷分时电价、季节分时电价、丰枯分时电价。分时电价可依据大量的历史数据来划分出用户用电高峰时段、用电低谷时段以及平时段。优点是简单、易于实施，基本可以实现削峰填谷。目前我国很多地区已实施分时电价，相较于另两种，分时电价运用更广泛和成熟。

实时电价能及时传递电价信号，精准反映出不同时段的成本变化，具有很高的实时性。用户安装的自动需求调节器每隔较短时间就能和市场进行信息反馈。在实时电价机制下，用户在每个时段的用电需求可能都不相同。由于实时电价具有很强的实时性，理论上实施实时电价策略会使电负荷更接近其本身的实际价值，进而促进电力市场化发展。但实时电价对电力系统及各项技术手段的要求较高。

尖峰电价是在分时电价和实时电价的基础上发展起来的，是在极端用电高峰情况或紧急情况下为了缓解系统容量而多收费，其他时段则仍保持原有的费率。只有当系统预测出尖峰时刻才能实施尖峰电价机制，进而制定出合理的电价。

4.2.2.3　需求侧资源响应策略分析

（1）工业用电的需求响应策略。工业大用户用电属于可平移负荷，这是一种由于生产工序或流程的要求，将工业负荷用电曲线在用户可接受的时段间平移的负荷。此类用户在参与需求响应时可以通过改变各工序的生产时间，调整生产时长实现用电负荷的平移，进而达到削峰填谷的目的。并且由于大工业行业类电力用户的用电负荷所占比重比较大，所以此类电力用户可以采用负荷控制的方式参与需求侧响应项目，如加入合同能源管理项目，在企业用电设备中进行可中断负荷控制，实施特殊电价机制。

在现阶段电力市场环境下，受制于多方面因素的影响，分散式小用户难以主动参与电力需求响应。工业用户用电负荷量相对较大，用电负荷分布比较规律，且用电时段可调整，这使得工业用户能够很好地参与电力需求响应项目。对工业用户来说，能够通过调整和削减用电负荷，参与价格型需求响应和激励型需求响应。工业用户参与价格型需求响应时，主要是根据实时电价高低，调整生产计划，选择在夜间低谷电价时段进行生产。工业用户参与激励型需求响应时，会核算需求响应收益和节约的用电成本是否高于正常生产产品所得收益，当前者高于后者时，工业用户会参与价格型需求响应。

（2）商业楼宇用电的需求响应策略。对于商业楼宇用电，可以把一天的时间划分为 12 个时段，根据商业楼宇用户电器调节程度的不同将各种用电设备的可调情况分为高响应（H）、中响应（M）、低响应（L）三种情况，商业楼宇用户在 12 个时段调节情况及设备负荷的权重如表 4-2 所示。

表 4-2 　　　　　　　商业楼宇用户用电设备各调节情况表

电器分类		空调设备	锅炉	风机水泵	冷藏设备	热负载	照明设备	办公设备	电梯设备	辅助设备	其他用电
权重		0.28	0.06	0.12	0.07	0.03	0.15	0.1	0.06	0.1	0.02
时段 1	0~2	M	L	M	L	H	H	H	H	L	H
时段 2	2~4	M	L	H	L	H	H	H	H	L	H
时段 3	4~6	M	M	H	L	M	H	H	H	L	H
时段 4	6~8	L	M	M	L	L	H	H	M	M	H
时段 5	8~10	L	M	L	L	M	M	M	M	L	H
时段 6	10~12	L	M	L	L	L	M	L	L	L	H
时段 7	12~14	L	M	L	L	L	M	M	L	L	H
时段 8	14~16	L	M	M	L	L	M	L	L	L	H
时段 9	16~18	L	L	L	L	L	M	L	L	L	H
时段 10	18~20	L	L	L	L	M	M	L	M	M	H
时段 11	20~22	L	L	L	L	M	M	H	M	L	H
时段 12	22~24	M	L	M	L	M	H	H	H	L	H

低响应负荷视为刚性负荷，即此时段该负荷不调节；中响应负荷是可削减负荷，该负荷只能削减不能中断或转移该负荷；把高响应负荷当做可直接控制负荷，在尖峰负荷时段，实施负荷的削减计划。对于中响应负荷，即可削减负荷来讲，可以通过给予商业楼宇用户一定补偿的方式，鼓励用户在用电高峰期减少大功率用电设备的使用时间，或者适当调低用电设备的功率；对于高响应负荷，即可直接控制负荷，可以在用电高峰期直接关闭这些负荷，快速实现负荷削减的目的。

商业楼宇用户由于用电时段和负荷需求相对固定，难以产生负荷转移效应，只能增减用电负荷需求，因此，商业用户通常只能参与激励型需求响应，即通过事前与电力系统签订协议，在系统产生响应需求时，根据系统要求调整用电行为，获取参与需求响应收益。当商业用户通过减少用电负荷参与需求，需求响应收益还包括减少的用电成本。

（3）居民用电的需求响应策略。居民用户电负荷可分为刚性电负荷和可控电负荷两类。刚性电负荷指调整用电时间调整或中断用电会给用户生活造成影响的设备电负荷，例如照明、电冰箱、电脑等家用电器。这类设备的电负荷不宜参与需求响应，因此也不受电价的影响。而空调、热水器、洗衣机、洗碗机等设备的用电时间和用电规律都比较稳定，在用户自定义的使用时段内可以调整用电时间或是调节各时段的电功率，可以将这类设备的负荷视为居民用户的可控电负荷。在满足一定约束条件下，这类设备的用电时间或电功率可以根据电价信号进行调整，参与售电公司的需求响应项目。对于这类可控负荷中的可平移负荷，例如洗衣机、洗碗机等参加需求响应时，可以通过改变用电时间来实现负荷的平移。对于这类可控负荷中的调节类电负荷，例如空调、电热水器等，可以在不影响舒适度和功能性的前提下，适当降低负荷。

尽管居民用户个体用电量较少，但由于居民总数十分庞大，导致居民用户总用电也相对较大，深入挖掘居民用户的节能潜力，对于实现节能减排目标有着重要的意义。由于居民用户用电时段难以转移和增加，因此，居民用户一般只能参与激励型需求响应，且主要通过减少用电量的方式来实现，居民用户需求响应收益主要包括激励型需求响应收益和节约用电成本两部分。

（4）储能的需求响应策略。储能属于可转移负荷，即用电负荷在一个调度周期内的总用电量不变，但调度周期内各时段的用电量在一定范围内可以灵活变化的负荷。例如，电池作为一种储能装置，在充电时，电能转化为化学能存储起来；放电时，化学能转化为电能释放出来，这样就可以用电量转化成一定范围内可以灵活变化的负荷，在开始使用之后，用电负荷才产生。

对于同一投资运营主体下的多点分布式储能设施，其参与分时电价响应的具体步骤为：首先根据用电设备类型和生产生活需求预测下一个周期各时段负荷需求，考虑各点储能设施的总能量存储能力和状态，从整体上响应分时价格信号，以用电成本最小化为目标优化下一个周期内用电计划，并同时得到储能设备整体的充放电计划。最后根据储能电池整体充放电计划，考虑位于各点储能电池的能量存储状态、充放电功率限制以及相应的电网约束，合理分配各点储能电池的调节量。

（5）虚拟电厂的交易策略。需求响应型虚拟电厂将来自众多电力用户削减负荷的能力视为虚拟出力，将需求响应资源视为在负荷侧接入系统的发电机组。按照响应机制不同，需求响应可分为基于激励的需求响应和基于价格的需求响应。

1）基于价格的需求响应。基于价格的需求响应是让消费者直接面对随时间变化的电价并自主做出用电时间、用电方式的安排和调整，主要包括分时电价、实时电价、尖峰电价等。

a.分时电价：电价随使用时间可预见性的变化。电网公司事先确定时段和相应的电价，通过调低低谷时段电价来刺激用户用电、调高高峰时段电价来抑制用户用电，从而实现削峰填谷和平衡负荷的目的。

b.实时电价：指电价随电价或某地区的供求比而动态变化，其更新周期可低于1小时。实时电价可以视为分时电价的细化方案。由于实时电价可以更加快速、更加准确地反映每天不同时段供电所需成本和需求的具体变化趋势，进而反映出边际供电成本，所以它在经济学上是最优的定价方式。

c.尖峰电价：电价在用电高峰期显著变高，国外的尖峰电价可升至平段电价的8倍以上。尖峰电价的削减效果好，但不能频繁实施，实施时间也不宜过长。尖峰电价一般叠加在实时电价上，执行时要提前通知用户。

2）基于激励的需求响应。基于激励的需求响应是直接采用激励的方式激励和引导用户参与各种系统所需要的负荷削减，包括直接负荷控制、可中断负荷、紧急需求响应、需求侧竞价和容量辅助计划。

a. 直接负荷控制。电力部门预测到电网即将过载时，对居民或小型商业用户进行短时停电，以降低系统高峰负荷，而参与停电的用户会得到补贴。

b. 可中断负荷。用户与供电公司签订经济合同，在电网高峰时段用户有义务按时中断合同上约定的负荷量，同时能得到供电公司的补贴。

c. 紧急需求响应。包含用户自愿削减和强制性削减两种。电网在紧急状态下发布削减指令，参与用户削减负荷后可按照获得能量费率和容量费率的补偿。

d. 需求侧竞价。市场允许用户通过竞价或者合同订购的方式加入到需求侧响应项目中。用户投标时提供愿意从市场上购买的电量及价格，同时申报执行需求响应时可削减负荷量及预期补偿价格。若中标者没有按照要求削减相应负荷，则会承担一定的责任并受到响应惩罚。

e. 容量辅助计划。用户投标后若能中标，则将其能够削减的负荷看做备用，并可以得到和发电侧采用同一电价支付的电费；当提供的可削减负荷被调度使用后，用户可以在此得到依据现货市场电量价格支付的电费。

4.2.2.4 多场景需求侧资源聚合响应差异化激励机制分析

负荷聚合商以资源优化配置及电力系统安全运行为目标，通过智能设备直接控制和市场价格间接控制相结合的手段，基于信息物理系统融合的充电网络将电动汽车、储能、电采暖、智能家居等可控柔性负荷进行聚合，集成参与电力市场交易及辅助电力系统运行安全，并依据各聚合资源与用户的贡献度进行价值分配。

负荷聚合商运营主体通过聚合储能系统、柔性负荷、电动汽车等多类型分布式单元，向上作为一个独立的市场主体参与电力批发交易，包括中长期电力市场、现货电力市场以及辅助服务市场，促进资源的优化配置和清洁能源的消纳；向下与其所代理的分布式单元开展电力零售交易，通过制定市场化激励机制、分时电价、尖峰电价等价格机制，与用户自主协商达成用能协议，获得可调能力。负荷聚合商的运营策略有：① 通过源－网－荷－储多类型分布式单元的投资组合，优化负荷聚合商的响应时间、调节速率、调节深度等物理特性，提升其对系统的价值贡献；② 通过投资建设计量、通信、控制设备以及信息化平台，降低系统运营成本、提升面向终端用户的增值服务质量；③ 通过参与批发－零售两级市场交易，形成双向购售电最优决策方案，提升交易收益。

（1）聚合机理：用户组合错峰效应。在终端设备数据获取、存储的基础上，实现用户组合错峰效应包括两个关键步骤：①结合终端数据对不同类型柔性负荷的特征进行分析，采用统计学和计量经济学方法，识别其曲线特征，通过将曲线特征替代负荷曲线值，达到负荷曲线将为的目标，为开展进一步分析奠定基础；②构建适用于海量多源异构数据的聚类分析算法，通过将曲线特征指标进行聚类分析，在一定的聚类规则约束下，即可得到同类别的负荷曲线簇，进而通过分析其负荷特征值的相对性，得到具有错峰效应的用户组合集。至此，该用户组合集已经初步具备平抑波动的功能。

（2）激励机理：基于用户弹性的差异化合约。在用户组合错峰效应的基础之上，需要引入经济手段对用户行为进行影响，其最终展现形式为负荷聚合商与不同用户签订的差异化合约。由经济学中的边际效应理论可知，只有当边际成本等于边际效用时，可实现资源最优配置。因此，差异化合约的签订需要依据不同类型用户的价格弹性，最大化经济杠杆效应。

实现差异化合约制定的基础是用户用电行为的识别，同时对用户行为通过多维数据进行客户画像，建立用户行为标签库。其关键点在于用户行为及其弹性具有隐匿性，很难直接通过数据分析得出，这要求负荷聚合商基于实验经济学理论方法，构建用户行为识别及引导实验框架，通过改变差异化合约关键参数，从实际运营活动中获取数据，以此为基础进行用户弹性分析，进而指导差异化合约制定。

（3）运营机理：与储能联合运营。由于用户自身负荷特性及其可调节性方面的限制，单独的负荷聚合商在电力直接交易及辅助服务市场中难免存在偏差。为应对偏差风险，有必要通过负荷聚合商与储能联合运营，进一步提升系统灵活性。

实现联合运营的关键在于构建多主体之间的利益分配机制。对于负荷聚合商而言，通过与其他运营商或储能设备签订合作协议，形成负荷聚合商运营联盟，将进一步优化自身调控能力。由调控能力上升带来的效益增加或成本降低部分，可在各主体之间进行合理分配。在这一过程中，除负荷聚合商外，其余主体承担备用及风险共担责任，同时获得相应的备用收益与风险承担补偿。

4.2.2.5 用电设备改造升级以参与需求响应

下文以宁夏区内大工业用电设备升级改造措施为例进行介绍。

对宁夏区内满足需求响应条件的大工业用户进行需求响应参与意愿调研，结合宁夏产业结构现状，选取包含冶金、化工、建筑、农副产品加工四个行业共 12 家企业进行调研。对企业的基本情况例如年用电量、生产流程及工艺、设备自动化情况、设备运行情况、电费占比及自备电厂等方面进行调研，同时对企业能够接受的最低降价空间及参与意愿进行调研，并获得如下调研结果。

根据调查问卷提取用电量、用能成本占比、是否可调节、调节手段、需求响应意愿、预期降价幅度六个方面对调研数据进行整理和对比分析，见表 4-3。

表 4-3　　　　　　　　宁夏地区典型用户调研情况汇总

企业	所属行业	用电量（kW）	用能成本占比	是否可调节	调节手段	需求响应参与意愿	预期降价幅度
冶金公司	冶金	—	60%～70%	可以调节，但一般不调节，对生产影响比较大	手动	愿意	0.1 元
冶炼公司	冶金	3 亿	60%	不可调	手动	愿意	0.05 元
冶金技术公司	冶金	9.7 亿	64%	可以调节，但一般不调节，对生产影响比较大	手动	愿意	0.13 元
冶金制品公司	冶金	1.2 亿	65%～70%	可调节	自动	愿意	0.1 元
晶体科技公司	冶金	2.15 亿	23%	可以调节，但一般不调节，对生产影响比较大	手动或自动	不愿意	/
能源公司	化工	6000 万	30%	不可调	手动或自动	愿意	0.01 元
工贸公司	化工	3.6 亿	10.00%	不可调节	/	愿意	0.1 元
化工科技公司	化工	1.4 亿	0.50%	不可调	自动	不愿意	/
化工集团	化工	7000 万	30%	理论上可调节，但实际一般不调	自动	不愿意	/

企业	所属行业	用电量（kW）	用能成本占比	是否可调节	调节手段	需求响应参与意愿	预期降价幅度
砼业公司	建筑	50万	0.06%	不可调节	/	销售淡季愿意参与	0.3元
水泥公司	建筑	1740万	7.41%	部分可调	自动	愿意	越多越好
面粉公司	农副产品加工	2099万	90%	可调节	自动	愿意	0.1元

从表 4-3 可以看出：

（1）冶金行业用电量大，用能成本占生产成本比例高，普遍达到 60% 以上，如果合理运用安排其参与需求响应，可调节潜力大。

（2）各企业设备自动化调节水平不一，尤其冶金行业多数仍采用手动调节。设备自动化调节水平影响响应指令下达的提前时间以及响应类型，设备自动化水平不足未来将难以参与实时响应。

（3）部分行业参与意愿受季节因素影响，如建材制造企业参与意愿受销售情况影响，销量淡季愿意参与。

（4）预期降幅参差不齐，需要分析用户是由于对需求响应行为不了解，对参与需求响应行为带来的额外成本理解有偏差还是参与意愿不同导致的预期降价差异，考虑到大工业用户负荷巨大，一旦可调，调节潜力巨大，需要对不同用户生产成本进行合理评估，为后续补偿价格设计以及评估需求侧资源价值时需求侧资源调用顺序研究打下基础。

根据以上调研结果，可以得出如下结论：

（1）宁夏地区冶金、水泥等行业具有负荷高、用电量大、灵活性负荷空间大等特点，此类用户响应意愿较高，可调节潜力资源丰富。

（2）影响大工业用户参与需求响应意愿的因素包括政策及补偿价格、行业生产特性、调节手段、用能成本占比等。

（3）需求响应价格补偿机制不明确是主要影响因素，需要通过建立明确的价格机制与商业模式，可以有效提升用户响应意愿。

基于以上对大工业用户参与需求响应的意愿调研结论，针对有能力意愿参与需求响应的大工业用户进行需求响应设备的升级改造，按照不同的电压等级和用电设备类型，与用户签订改造协议，将部分可供调节的负荷编排建档，接入负控平台，增加智能电表以对其用能情况进行监测，并在需求响应实施开展前进行试跳，确保需求响应顺利启动。

4.2.3 基于价格弹性的需求侧负荷可调节能力建模

从传统价格弹性的定义出发，为了实现不同规模电力用户之间可调节能力的直观比较，引入峰谷负荷-电价价格弹性的定义，按照峰谷用电量差占比与峰谷价差的逐年变化率来评估比较不同用户的价格敏感度；基于价格弹性理论，建立用户参与电网调度的负荷可调节量与调节速率函数，并对其进行综合处理后得到评价用户可调节能力的综合指标与计算方法，最后以某省地区典型工商业用户负荷作为实例进行验证。价格弹性测算思路如图 4-18 所示。

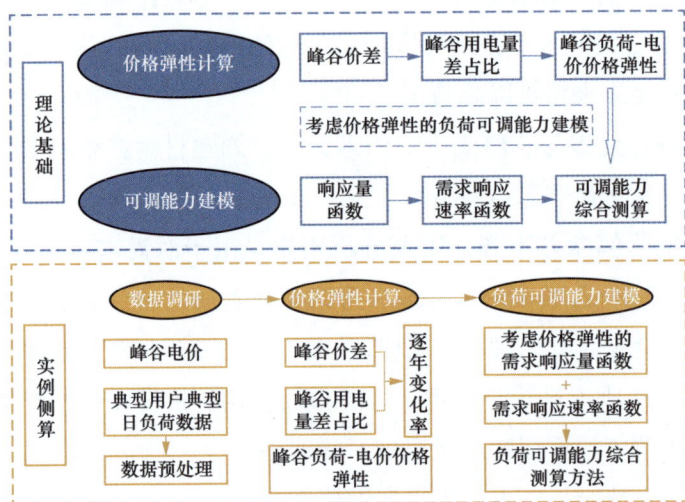

图 4-18　价格弹性测算思路

根据经济学定义，价格弹性是指价格变化引起的市场需求量的变化程度。按照弹性定义，若弹性绝对值大于 1，则该用户为富有弹性用户，对价格变化敏感；反之则为缺乏弹性用户，对价格变化不敏感。

在经济学中，对于要研究的数据取对数表示因变量随自变量变化的百分比。取对数之后不会改变数据的性质和相关关系，但压缩了变量的尺度，数据更加平稳，也削弱了模型的异方差性。双对数回归模型可表示为 $\ln Y = a\ln X + b$，即表示当 X 变化 1% 时，Y 变化 a%。对模型求导后，借鉴双对数回归模型的思路，用峰谷价差表示 X，峰谷用电量差表示 Y，取 2 为底数，针对调研数据对变量再次取对数。

将以上经济学理论应用到电力市场领域，电力是一种具有时效性的特殊商品，不存在替代品，其价格变动可以是实时的。且电力的需求可以实现时间上的转移，不同时间段的电价水平不同，不仅仅会影响本时段的电力需求，也会影响其他时段内的用电量。有研究引入弹性影响权因子来表示不同时段电价变化在对应时段产生的电量变化占该时段总电量变化的比例；有学者认为电价与需求之间存在线性关系，计算不同价格点上的自弹性系数发现高峰时段的负荷价格弹性系数明显高于平段；在一些研究中，直接将需求价格弹性作为调整因子考虑到用户用电需求函数中进行外送电效益最大化求解。结合现有的价格弹性研究思路，根据某省地区峰谷分时电价实施情况，引入峰谷负荷－电价价格弹性，表示用户峰谷用电量差随峰谷价差变化的波动幅度，进而表示用户负荷曲线的平缓程度。

从定义及计算过程来看，该峰谷负荷—电价价格弹性表示当峰谷电价差变化 1% 时，对应用户的峰谷用电量差变化 ε%，从而评估用户对峰谷电价的敏感程度。当价格弹性 σ 为正时，说明峰谷电价差每变化 1%，用户的峰谷用电量差占比增加，负荷峰谷差拉大，负荷曲线更波动；当价格弹性 σ 为负时，说明峰谷电价差每变化 1%，用户的峰谷用电量差占比减少，负荷峰谷差减少，负荷曲线更加平缓。

（1）基于弹性理论的负荷调节量函数。大工业用户分时电价前后负荷的调节响应量由负荷的自身的削减量与转移量共同决定，其中，负荷自身的削减量与自弹性系数对应，转移量与交叉弹性系数对应。因此，当负荷曲线的数据维数为 96 时，分时电价前后各个时刻的负荷改变量可以用公式表示，将实施分时电价后工商业负荷 L 在某时刻的用电量变化率及分时电价浮动比进一步表示，最终，得到工商业负荷 L 在某一时间段下的响应量。

（2）负荷调节速率函数。负荷响应幅值反映了其调节潜力。本节以负荷调节速率衡量负荷响应电价激励的快慢。负荷对激励的响应速度由其自身的负荷曲线特性决定，若负荷变化的斜率越陡峭，意味着其调节速率越快、可调节潜力越大，具有较大的可能性参与到快速负荷调节项目中。因此，将负荷在某时刻的需求响应速度定义为负荷变化的快慢，然而由于实测数据的离散性，负荷曲线呈现出不连续的特点，具有不可导的负荷尖峰时刻，因而不能采用适用于连续函数的求导法对负荷变化的速率进行计算。根据实测数据的采样间隔将该时刻负荷的需求响应速度定义为负荷在与该时刻相邻的 2 个时间间隔间的变化率的平均值。

（3）负荷可调节能力综合测算方法。综合上述 2 个分时电价下 t 时刻用户的负荷调节特性，并对其进行综合处理后便得到评价用户可调节能力的综合指标，将上述负荷可调节能力与调节速率的计算公式进行迭代，即可得到该时刻负荷需求响应综合潜力指标。

4.2.4 需求侧响应市场补偿及红利传导机制

4.2.4.1 需求响应补偿机制

（1）转移型负荷补偿机制。

1）转移型负荷获得的收益之一是来自于转移电量的补偿，即用户减少的用电费用。转移负荷从高电价时段转移到低电价时段，获利方式来自高低电价差。需求侧资源聚合商在用电高峰高电价时段，将负荷进行转移。负荷从高电价时段移出市场后，出清电价会大量降低，负荷转移及转移负荷获得的转移效益如图 4-19 中黄色部分所示。

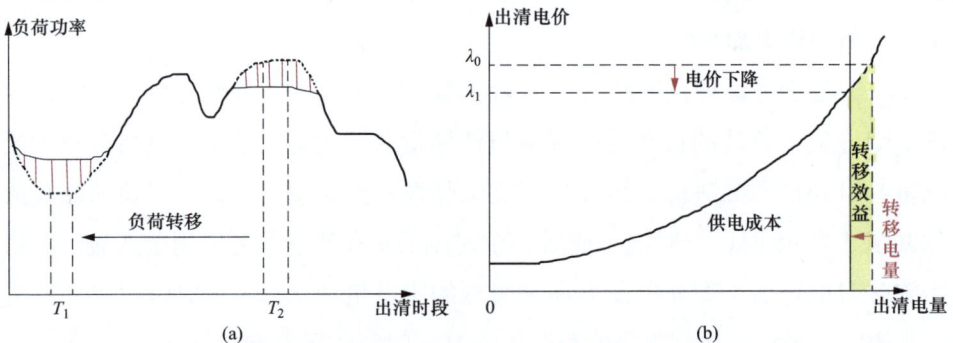

图 4-19　负荷转移及转移时段市场电价变化示意图
（a）负荷转移示意图；（b）转移时刻市场电价变化图

需求侧资源聚合商在用电低谷时段，将之前转移的电量在用电低谷时段恢复。负荷在低电价时段恢复，出清价格稍微会抬高了一些，但不会很高，恢复电量的成本如图 4-20 中绿色部分所示。

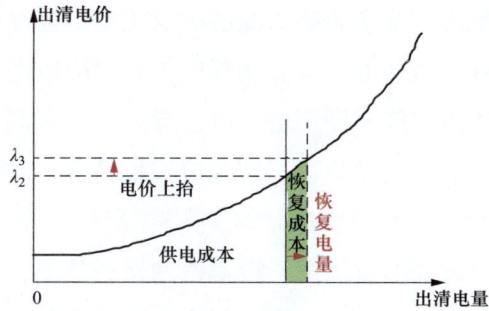

图 4-20 恢复时段市场电价变化

2）转移型负荷获得的收益之二是来自于转移电量的补偿。电网企业和政府为提高转移型用户的参与积极性，采取的经济激励。此外，要使负荷成功转移，就需要转移效益大于恢复电量的成本与经济补偿之和。

（2）削峰型负荷补偿机制。在用电高峰时刻，供电成本急剧升高，需求侧资源聚合商调动可削减负荷，使可削减负荷获得一定的收益来激励它们参与响应，以便缓解电网压力，减少全网购电成本。削峰型需求响应补偿原则如图 4-21 所示。补偿原则的设立是为了激励可削减负荷用户积极参与进来，可削减用户如实地提供负荷削减量和期望的补偿价格，各用户之间互不知晓对方申报的价格，该申报价格决定着用户的电量是否会被出清，而补偿价格将由所有出清用户的最高报价决定。用户申报的可削减负荷补偿价格与实际期望补偿价格的大小不同，则用户所获得的收益不同。

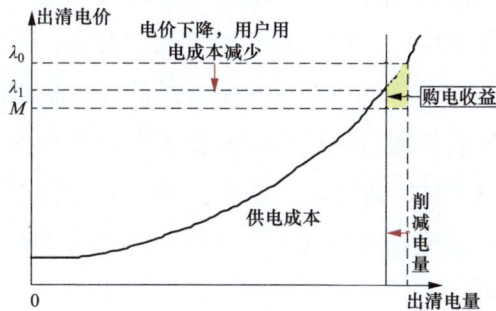

图 4-21 削峰型需求响应补偿原则

（3）可中断负荷管理实施办法。宁夏回族自治区坚持"需求响应优先、有序用电保底、节约用电助力"原则，运用经济手段和技术手段，做好迎峰度夏（冬）期间可中断负荷管理工作，保障电网平稳运行和电力安全供应，降低电力调节影响范围和社会影响。经济手段主要以需求响应为主，激励电力用户自愿错峰避峰，增加电网柔性调峰能力，保障电网平稳运行和电力安全供应。技术手段通过实施有序用电，以引导为主、强制为辅相结合，实现用户参与需求响应，利用新型负荷管理系统实现负荷可中断，维护供用电秩序平稳。

经济手段主要以需求响应为主，根据电网运行需要，电力需求响应分为削峰需求响应和填谷需求响应。其中，削峰需求响应是指需要用户在规定时间段内减少用电负荷；填谷需求响应是指需要用户在规定时间段内增加用电负荷。

根据响应时间，电力需求响应分为经济需求响应和紧急需求响应。其中，经济需求响应是指在响应日前发出邀约的需求响应；紧急需求响应是指接收平台指令并在 30min 内开始执行的需求响应。其中参与紧急型削峰需求响应的负荷应具备可远程中断或可快速中断特性。

4.2.4.2 需求响应红利传导机制

（1）负荷聚合商运营及收益模式。负荷聚合商通过先进信息通信技术和软件系统，将各聚合资源联系起来，作为一个特殊电厂参与电力市场和电网运行的电源协调管理系统。负荷聚合商内部聚合的资源有可控负荷、储能资源、电动汽车、分布式电源等。其中，可控负荷是对供电系统的一种补充与协调，它可以从价格波动等方面引导电力用户的用电行为往有利于供电系统的方向实施；而分布式电源和储能资源则在独立发电，保证电力系统持续稳定供电等方面发挥自己的作用。在现实中，虽然各分布式能源属于不同的独立运营商，但负荷聚合商通过协议合同和技术平台聚合一个区域中各个负荷出力资源、优化内部用能调度方案、在电力交易的过程中采用集中化交易实现规模效益，其中负荷聚合商及其内部各聚合资源的结算方式采用协商式的固定电价和贡献考核两个方面进行结算，同时，负荷聚合商还会根据协议收取一定的运营服务费。

负荷聚合商可以从多种场景的运营下获取收益，例如辅助服务、弃电消纳等。对于负荷聚合商而言，其主要的盈利模式还是基于电能量市场和辅助服务市场上的集中式的电力市场交易来实现的。其中在参与电能量交易市场方面，负荷聚合商的盈利方式又可以分为两种情况：① 作为售电主体参与交易；② 作为虚拟电源商参与交易。如果负荷聚合商作为售电主体参与电力零售环节，那么负荷聚合商将电直接销售给内部的用户。这种交易方式可以实现对用户能源消费方式的优化，为区域内的电力用户提供及时而又个性化的能源服务；如果负荷聚合商作为虚拟电源商参与交易，那么负荷聚合商内部的可控符合、分布式电源、储能资源等聚合资源将直接让负荷聚合商来调控，同时作为电力市场主体中的虚拟电源商来参与电力市场中的电力交易，将负荷聚合商内部剩余的电力出售给电力市场中的其他缺电成员，或者帮助其他电量过多的成员消纳一部分的多余电量。在参与辅助服务方面，负荷聚合商由于拥有大批的可控负荷、储能资源、分布式电源等聚合资源，因此负荷聚合商可以作为辅助服务的提供商，为电力市场中的其他成员提供调峰、调频、备用容量、黑启动等多种有偿辅助服务，并获取相应的补偿费用。

综上所述，负荷聚合商参与电力市场交易的所获收益 E_{CLA} 可以总结为

$$E_{CLA} = E_1 + E_2 \qquad (4-3)$$

式中：E_1 为负荷聚合商参与电能量市场的收益；E_2 为负荷聚合商参与辅助服务市场的收益。

（2）综合价值贡献度核算方法。负荷聚合商内部成员涉及了各种聚合资源，主要有分布式能源、储能资源、用户负荷等。负荷聚合商则扮演这些资源聚合之后的电力管家的角色，将这些分散的资源整合为单一的负荷聚合商运营商来参与电力市场中的电力交易，为电力系统提供调用备用容量、调峰、调频等辅助服务。因此，负荷聚合商需要构建一套衡量各聚合资源价值贡献度的指标体系，依据各聚合资源最后的价值贡献度来合理地分配收益。对于负荷聚合商内部的聚合资源而言，其价值贡献度主要可以从经济、安全和风险三个方面来进行分析和构建衡量指标体系，如表4-4所示。

表4-4　　　　　　　　　价值贡献度的综合评价指标体系

一级指标	二级指标	三级指标	测算方法
价值贡献度	经济方面	平均贡献电量	每月统计测算
		平均贡献容量	每月统计测算
		可控容量	每月统计测算

一级指标	二级指标	三级指标	测算方法
价值贡献度	经济方面	边际贡献值	中心统一计算
		环保投入费用	每月统计测算
	安全方面	供电稳定性	每月统计测算
		响应及时性	每月统计测算
		电量合格率	每月统计测算
		有功曲线合格率	每月统计测算
		计划完成率	中心统一计算
	风险方面	违约率	每月统计测算
		设备故障率	每月统计测算
		数据传输情况	专家打分

下面将对该指标体系中的三项指标进行进一步的描述。

1）经济方面指标主要包括平均贡献电量、平均贡献容量、可控容量、边际贡献值、环保处理费用。

a. 平均贡献电量。在分布式电源方面指该分布式电源的平均发电量，在储能系统方面指储能系统所储存的能量转换成电能后的等效发电量；在需求侧响应方面指参与调度的调节电量。该指标的测算方法将通过月度测算的方式实现。

b. 平均贡献容量。在分布式电源方面指该分布式电源的平均调用容量，在储能系统方面指该储能系统的平均调用容量。在需求侧响应方面指的是需求侧用户参与调度的容量。该指标的测算方法也将通过月度测算的方式实现。

c. 可控容量。在分布式电源方面指该分布式电源发电机组的可控容量；在储能系统方面指储能电池的容量；在需求侧响应方面指可控的用电负荷。该指标的测算方法将通过月度测算的方式实现。

d. 边际贡献值。作为合作博弈中的一个指标，可以有效地反映各聚合资源对负荷聚合商的效用，边际贡献值的取值范围在 0 到 1 之间，且边际贡献值越大，代表该聚合资源对负荷聚合商的效用越大，其在负荷聚合商中所起到的作用也越大。

e. 环保处理费用。环保处理费用指各聚合资源在环保方面所投入的资金费用。该指标的测算方法将通过月度测算的方式实现。

2）安全方面指标主要包括供电稳定性、响应及时性、电量合格率、有功曲线合格率、计划完成率。

a. 供电稳定性。在分布式电源方面和储能系统方面指分布式电源和储能设备非计划停运次数，在需求侧响应方面指需求侧用电负荷未及时响应的次数。该指标的测算方法将通过月度测算的方式实现。

b. 响应及时性。响应及时性是指分布式电源、储能系统、需求侧响应三者在调度信息发出后直至做出响应的时间差，它反映了负荷聚合商内部聚合资源面对调度的各自响应速度的快慢。该指标的测算方法将通过月度测算的方式实现。

c. 电量合格率。在分布式电源方面和储能系统方面指分布式电源和储能设备发电电量的偏差率，在需求侧响应方面指需求侧响应中用电负荷响应的偏差率。该指标的测算方法将通过月度测算的方式实现。

d. 有功曲线合格率。在分布式电源方面和储能系统方面指分布式电源、储能设备的有功曲线合格率。该指标的测算方法将通过月度测算的方式实现。

e. 计划完成率。计划完成率是指发电机组发电完成情况或者可控负荷响应计划完成情况。

3）风险方面指标主要包括违约率、设备故障率、数据传输情况。

a. 违约率。违约率指各聚合资源面对调度指示的违约次数占参与辅助服务的次数之比。该指标的测算方法将通过月度测算的方式实现。

b. 设备故障率。设备故障率指各聚合资源的设备出现故障的次数占该聚合资源设备启动运行的总次数。该指标的测算方法将通过月度测算的方式实现。

c. 数据传输情况。数据传输情况指负荷聚合商内部各聚合资源向负荷聚合商运营商提供信息的及时性和准确性，该指标由于属于定性指标，故采用专家打分法来进行相关的打分评价。

为了对多个量化指标进行综合评价，本书选取了带权重的逼近理想解排序法（technique for order of preference by similarity to ideal solution，TOPSIS）综合评价模型。

指标矩阵的正向化处理就是将把所有的极小型指标转化为极大型称为指标正向化。假设共有 $i=m$ 个评价单位，共有 $j=n$ 个指标进行计算评价，那么通过搜集各个评价单位的数据可以构成一个初始的评价矩阵 $\boldsymbol{X}=(x_{ij})m\times n$，假设第 j 个指标是极小型指标，那么就有此列数据由极小型指标转换为极大型指标的公式，由此可以得到正向化后的矩阵 $\boldsymbol{X}_1$，为了消去不同量纲的影响，需要对已经正向化的矩阵 $\boldsymbol{X}_1$ 进行标准化处理，那么对其进行标准化处理后的矩阵记为 $\boldsymbol{Z}$。

运用熵权法确定指标权重。熵权法是一种客观赋权方法，其依据的原理是指标的变异程度越小，所反映的信息量也越少，其对应的权值也应该越低。运用熵权法计算各个指标的权重就是通过计算各个指标的信息熵来确定权重。计算标准化后的评价指标，进而计算信息熵及信息效用值，归一化后可以得到每个指标的熵权，确定最优解和最劣解。在标准化矩阵 $\boldsymbol{Z}$ 中定义最优解及最劣解矩阵 $\boldsymbol{Z}+$、$\boldsymbol{Z}-$，确定各个评价对象与最优解和最劣解的欧氏距离。

通过运用每个评价对象与最优解和最劣解的欧氏距离，可以计算得出第 i 个评价对象的相对贴近度 S_i，相对贴近度 S_i 反映了评价对象与最劣解的接近程度，显然，$0\leqslant S_i\leqslant 1$，且 S_i 越大 D_i+ 就越小，即评价结果越接近最优解，因此将每个评价对象最终的相对贴进度作为每个评价对象的价值贡献度。

（3）负荷聚合商红利传导机制。目前负荷聚合商聚合资源的收益分配问题可以从协议电价和贡献度考核两个方面进行结算和收益分配。其中，收益分配依据价值贡献度的计算结果，分别以月度和年度为基准进行两次收益分配，月度分配 80% 的收益，年度累计分配收益的 20%，分摊收益 E_s、月度分配收益 E_{S-m}、年度分配收益 E_{S-y} 计算方法为：

$$E_s = E_{VPP} - (p_W q_W + p_G q_G + p_E q_E + p_D q_D) \tag{4-4}$$

式中：p_W 是分布式风电电源协议电价；q_W 是分布式风电电源贡献电量；p_G 是分布式光伏发电电源协议电价；q_G 是分布式光伏发电电源贡献电量；p_E 是储能系统协议电价；q_E 是储能系统贡献电量；p_D 是负荷用户协议需求响应价格；q_D 是负荷用户需求响应贡献电量；E_{VPP} 是负荷聚合商聚合资源总受益。

$$E_{S-m} = E_S \times 80\%, \quad m = 1,2,\cdots,12 \tag{4-5}$$

$$E_{S-y} = E_{S-m} \times 20\%, \quad m = 1,2,\cdots,12 \tag{4-6}$$

负荷聚合商内部各聚合资源的月度分配收益计算式为

$$E_{S-W} = E_{S-m} \times S_W / (S_W + S_G + S_E + S_D) \tag{4-7}$$

$$E_{\text{S-G}} = E_{\text{S-m}} \times S_{\text{G}}/(S_{\text{W}} + S_{\text{G}} + S_{\text{E}} + S_{\text{D}}) \qquad (4-8)$$

$$E_{\text{S-E}} = E_{\text{S-m}} \times S_{\text{E}}/(S_{\text{W}} + S_{\text{G}} + S_{\text{E}} + S_{\text{D}}) \qquad (4-9)$$

$$E_{\text{S-D}} = E_{\text{S-m}} \times S_{\text{D}}/(S_{\text{W}} + S_{\text{G}} + S_{\text{E}} + S_{\text{D}}) \qquad (4-10)$$

负荷聚合商内部各聚合资源的年度分配收益计算式为

$$E_{\text{S-W}} = E_{\text{S-y}} \times S_{\text{W}}/(S_{\text{W}} + S_{\text{G}} + S_{\text{E}} + S_{\text{D}}) \qquad (4-11)$$

$$E_{\text{S-G}} = E_{\text{S-y}} \times S_{\text{G}}/(S_{\text{W}} + S_{\text{G}} + S_{\text{E}} + S_{\text{D}}) \qquad (4-12)$$

$$E_{\text{S-E}} = E_{\text{S-y}} \times S_{\text{E}}/(S_{\text{W}} + S_{\text{G}} + S_{\text{E}} + S_{\text{D}}) \qquad (4-13)$$

$$E_{\text{S-D}} = E_{\text{S-y}} \times S_{\text{D}}/(S_{\text{W}} + S_{\text{G}} + S_{\text{E}} + S_{\text{D}}) \qquad (4-14)$$

4.2.5　需求侧资源管控与市场运营体系构建

4.2.5.1　需求侧资源聚合交易运营体系

需求响应技术是智能电网的核心技术之一，应用需求响应技术可以充分挖掘负荷侧资源，实现资源的综合优化配置，但总体而言当前对于负荷调节能力的挖掘还不够深入，用户响应系统的程度还不够高。发达国家中出现了一种新的专业化需求响应提供商——负荷聚合商。负荷聚合商是一个整合用户需求响应并提供给市场购买者的独立组织，不仅可以为中小负荷提供参与市场调节的机会，还可以通过专业的技术手段充分发掘负荷资源，提供市场需要的辅助服务产品。

充电负荷聚合商以资源优化配置及电力系统安全运行为目标，通过智能设备直接控制和市场价格间接控制相结合的手段，基于信息物理系统融合的充电网络将电动汽车、储能、电采暖、智能家居等可控柔性负荷进行聚合，集成参与电力市场交易及辅助电力系统运行安全，并依据各聚合资源与用户的贡献度进行价值分配。充电负荷聚合商运营体系如图 4-22 所示。

在传统电网中，通常是由调度中心做出调度决策对每台规模较大的机组发出运行、

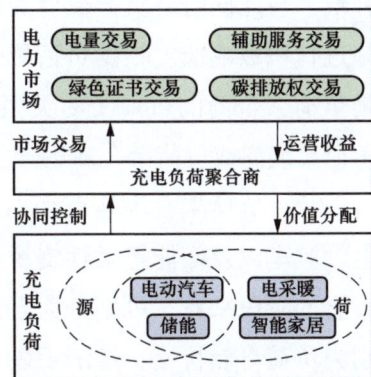

图 4-22　充电负荷聚合商运营体系

出力大小、关停等指令，以保障发电的整体经济效益和整个电网的安全稳定。对于负荷聚合商而言，由于电动汽车、储能等单机容量小，电网进行调度时没必要直接对单机发出指令，而只需要对各负荷聚合商的控制中心下达相应指令即可。考虑交易的时间尺度以及市场类型，负荷聚合商具有批发－零售相协调的市场运营架构。

负荷聚合商运营主体通过聚合储能系统、柔性负荷、电动汽车等多类型分布式单元，向上作为一个独立的市场主体参与电力批发交易，包括中长期电力市场、现货电力市场以及辅助服务市场，促进资源的优化配置和清洁能源的消纳；向下与其所代理的分布式单元开展电力零售交易，通过制定市场化激励机制、分时电价、尖峰电价等价格机制，与用户自主协商达成用能协议，获得可调能力。负荷聚合商的运营策略为：①通过源－网－荷－储多类型分布式单元的投资组合，优化负荷聚合商的响应时间、调节速率、调节深度等物理特性，提升其对系统的价值贡献；②通过投资建设计量、通信、控制设备以及信息化平台，降低系统运营成本、提升面向终端用户的增值服务质量；③通过参与批发－零售两级市场交易，形成双向购售电最优决策方案，提升交易收益。

（1）负荷聚合商运营商对外的责任。负荷聚合商运营商与负荷聚合商内部各组成部分间是委托代理关系，负荷聚合商运营商是负荷聚合商内外双向互动的主体和媒介。负荷聚合商运营商负责负荷聚合商与外部大电网、发售电企业间的信息交换，既可以作为售电企业，替负荷聚合商中的用户进行购售电交易，还可以作为辅助服务提供商，参与辅助服务市场来获得辅助服务补偿。与此同时，负荷聚合商运营商也可以对峰谷分时电价等需求侧管理措施进行积极响应。根据负荷聚合商聚合灵活性资源的特点，辅助服务交易将是负荷聚合商的重要交易类型。基于对批发市场和用户调用进行双向决策，负荷集成商或负荷聚合商运营主体进而可以得到参与市场的最优化决策方案。

（2）负荷聚合商运营商对内的责任。通过聚合分布式发电、可控负荷、电动汽车以及储能等柔性资源，形成负荷聚合商代理交易物理基础。从负荷聚合的阶段来看，可划分为自然组合、经济激励以及运营协调三个阶段，分别为负荷自然特性、经济手段柔性控制以及运营协调调度控制三个方面，通过三个阶段可针对不同场景需求下的负荷进行智能集成。

同时，负荷聚合商运营商通过负荷代理集成参与市场交易获得收益，通过考虑各柔性资源对负荷聚合商系统的价值贡献度进行价值分配，其中需要考虑的因素包括响应时间、调节速率、调节深度等。建立有效的价值分配体系时形成长期负荷聚合商交易主体的重要支撑，在具体操作过程中需要引入博弈论理论方法进行机制设计。

4.2.5.2　客户侧物联网需求侧资源管控系统

电力需求响应从需求侧着力，是协同构建新型电力系统的低成本战略路径。我国电力需求响应实践自华东起步，陆续向十余省市推广，在需求侧潜力挖掘、响应能力建设、市场模式设计、可再生电力消纳等多方面取得显著成绩，有效缓解当地电力供需矛盾。调研分析，电力需求响应的开展仍存在普遍性与地区差异化的问题，需从功能价值定位、市场主体培育、用户参与等方面多措并举予以解决。因此，建立负荷资源聚合交易机制，探索"互联网+"智能用电技术模式和组织模式，推进负荷资源与电网之间的协同调度与运营尤为重要。通过广泛部署用户信息、电网信息与发电信息等数据采集终端，建设能源互联网，打破源－网－荷－储数据壁垒，整合系统运行、市场交易和用户用电数据，提高负荷资源大数据分析能力，实现对负荷资源的智能调控。

基于上述前提，以建立客户侧柔性负荷聚合交易运营体系为目标，收集、管理、分析负荷资源特点、用户用电需求以及电网调度运营要求为主要手段，力求形成完整齐备的负荷资源参与需求交易的功能实现方案，为用户用电负荷和电网运行调度提供实现途径和引导。运营体系的用户参与功能如下。

（1）用户安全设置。用户输入账号密码以及验证码进行登陆，可进一步对平台使用语言、登录密码、绑定手机号等信息进行更改与设置。

（2）用户信息查询。主要可以查询对客户侧柔性负荷聚合交易平台的简介、平台研发团队介绍等基本信息，页面右侧包括本平台所进行的交易活动的公告通知以及我国各省关于负荷资源聚合交易的新闻动态查询。

（3）主要业务参与。用户完成申报信息的填写与上传，同时可以对申报条件、申报流程进行查询，并通过申报风险须知知晓可能出现的申报失败风险。用户提交申请后，可依据年度、月度查询所有的交易活动，包括申请序号、邀约容量、邀约时段、邀约状态、有效反馈截止时间等信息。同时可以做出是否确认邀约的决策和修改申请。交易完成后，用户可以对已完成的负荷聚合交易竞价出清结果进行查看。

（4）业务费用结算。交易完成后，用户可以查看基线负荷的计算公式和依据，参与削峰、填谷需求交易的有效判定条件，补偿费用的补贴系数确定方法等有关补偿费用核定的基本信息，以及补贴单价确定方法以及注意事项，了解补贴电价形成规则，以指导交易申报。

（5）用户安全保证。平台对不同的负荷聚合交易交易过程中相关主体的安全运行责任进行明确，并划分各方职责，对负荷终端进行摸排，对设备的安装升级与日常运行维护提出要求。可查询平台监督交易活动的整体流程，并可双击查看流程示意图，还可根据自身在负荷资源聚合交易与调度运营中的角色定位查看对应的软硬件设备要求，自行判断自身参与需求响应的条件是否符合。

目前已组织需求响应试点业务，通过客户侧物联网需求侧资源管控系统可查看全区的负荷情况，如图4-23所示。

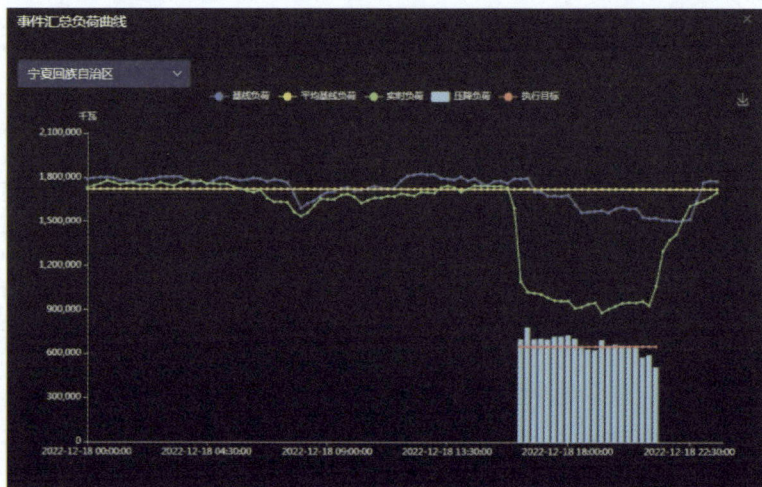

图4-23　宁夏回族自治区需求响应试点结果

图4-23中明确地显示，全区的基线负荷、平均基线负荷、实时负荷、压降负荷以及执行目标等信息，通过这些信息可判断哪些响应完成了目标，从而进行响应补偿或分派红利。也可具体查询某家用户的响应情况，如图4-24所

示，可选择想查看的用户，进入其响应详情页面进行查询，如图 4-25 所示。

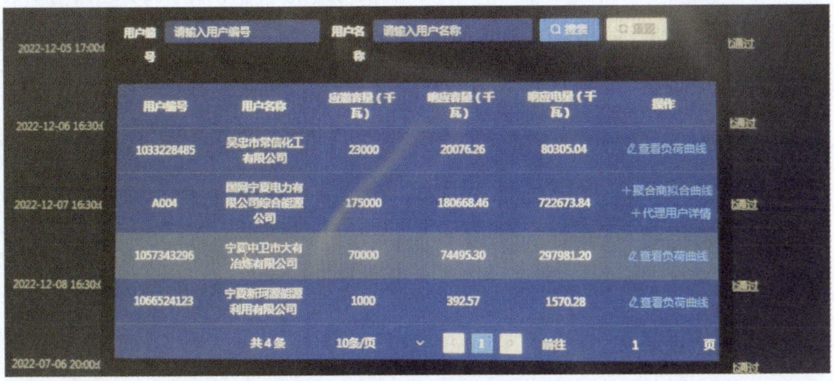

图 4-24　用户响应一览

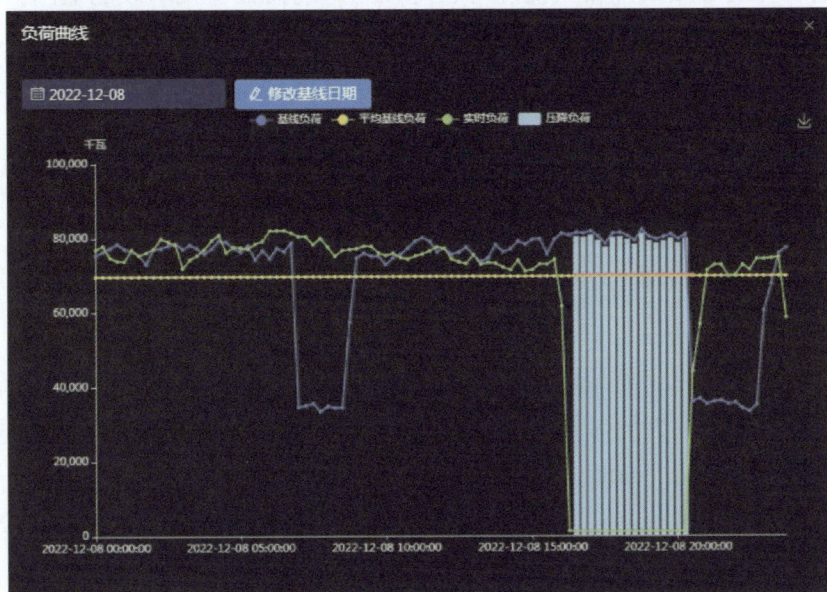

图 4-25　查看具体用户响应情况

4.2.5.3　关键运营技术支撑"国网新基建"

电力与大数据信息技术融合而成的泛在电力物联网，旨在使能源管理更为精准高效。国网公司构建基于物联网的电力系统以强化业务治理能力，借物联网技术成就数字电网。其聚焦能源生态、客户服务等八个方向 40 项重点建设任务，上线"绿色国网"与省级智慧能源服务平台，初步构建能源互联网生态圈，吸引上下游企业踊跃参与。

客户侧柔性负荷聚合交易管控平台依需求侧资源聚合交易运营体系构建，采用 B/S 架构与 SQL SERVER 2015 数据库，含平台登录、首页、功能实现、费用结算、安全监督、文件下载中心等六个功能界面，力求与省级智慧能源服务平台兼容互通、数据共享，通过负荷聚合商整合分散电力用户统一申报，协同发电企业管控实时负荷，保障电网安全稳定优化运行，在平台架构、能源智慧服务与管理算法等方面拓展升级，支撑"国网新基建"综合能源智慧服务战略。

数字化乃能源革命与数字革命融合大势所趋。大云物移智等技术与能源技术深度交融，促使能源转型数字化、智能化特征凸显。无论是应对新能源并网消纳，还是接纳分布式能源等设施接入，均需数字技术赋能电网，推动源网荷储协调互动，助力电网向智慧、泛在、友好的能源互联网升级，提升能源供给清洁化、终端消费电气化、系统运转高效化水平，而客户侧柔性负荷聚合交易管控平台的建立，恰能有效运用数字技术，加速需求响应数字化进程，推动能源领域数字化变革，助力"电力新基建"数字化转型。

4.3　电力市场路径规划

本节通过介绍宁夏源网荷储平衡交易机制发展路径和宁夏电力市场发展各阶段重点任务，为加强省内调节能力、保障外送曲线稳定提供了机制建议。市场建设分为近期、中期、远期三个阶段。

4.3.1　第一阶段：近期规划

第一阶段主要围绕如何推进新能源参与市场来进行交易机制的优化。该阶段核心目标是构建适应新能源参与的中长期电能量市场。一方面要满足中长期带曲线交易的需求，便于后续与现货市场衔接；另一方面要充分考虑新能源的出力特性和预测偏差。与此同时，开展分时合约转让，为市场主体提供更为灵活的调整方式。在没有现货市场的情况下，中长期合约执行偏差建议分时段考核，更有利于激励市场主体按时段区别化交易。原则上考核时段应与分时交易时段划分一致，考虑起步阶段的市场接受能力，可适当将考核时段拉长。

除电能量市场外，建议第一阶段开展容量补偿，补偿对象为火电机组。在大规模新能源参与市场的情况下，火电的交易空间将发生明显变化，虽然火电机组发电提供电能量的体量将逐步减少，但为系统提供可靠的容量支撑作用不容忽视，容量补偿机制作为火电机组固定成本回收的方式。第一阶段市场框架如图 4-26 所示。

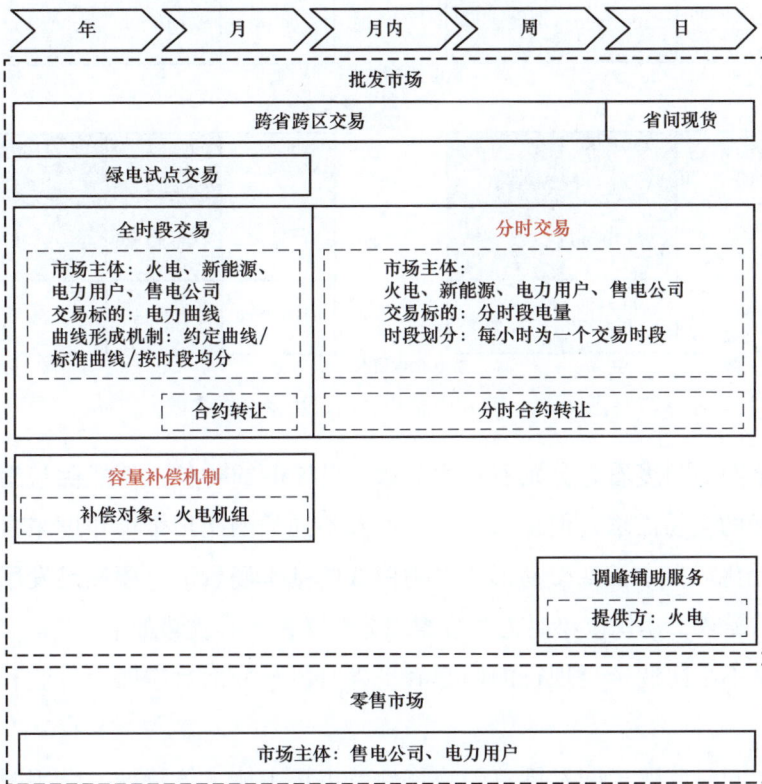

图 4-26　第一阶段市场框架

该阶段的难点在于确定分时段交易的时段划分，核心在于协调新能源出力特性与用户侧交易需求。结合对宁夏光伏、风电出力特性以及四大行业、一般工商业用电特性的分析，形成了如图 4-27 所示的风光供应与用电需求的时段重叠图。风电供应处于中、高程度时，四大行业在 3:00—6:30、18:00—23:30 有中、高程度的用电需求，一般工商业在 18:00—23:30 有较高的用电需求。光伏供应处于中、高程度时，四大行业在 10:00—16:00

有中、高程度的用电需求，一般工商业在光伏大发时段无持续较高的用电需求。发用电需求在时段中的分布情况如图4-27所示。

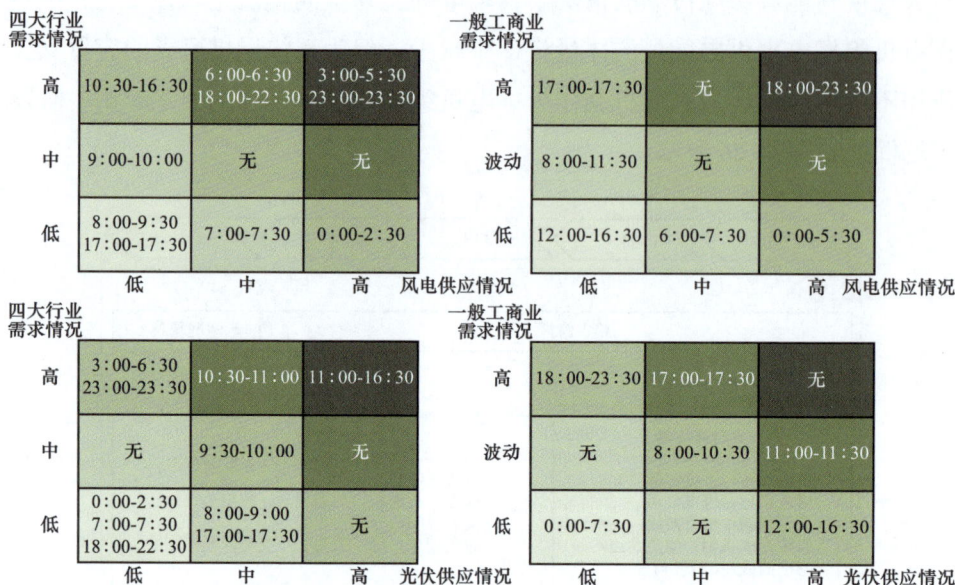

四大行业需求情况 / 风电供应情况

需求	低	中	高
高	10:30-16:30	6:00-6:30 18:00-22:30	3:00-5:30 23:00-23:30
中	9:00-10:00	无	无
低	8:00-9:30 17:00-17:30	7:00-7:30	0:00-2:30

一般工商业需求情况 / 风电供应情况

需求	低	中	高
高	17:00-17:30	无	18:00-23:30
波动	8:00-11:30	无	无
低	12:00-16:30	6:00-7:30	0:00-5:30

四大行业需求情况 / 光伏供应情况

需求	低	中	高
高	3:00-6:30 23:00-23:30	10:30-11:00	11:00-16:30
中	无	9:30-10:00	无
低	0:00-2:30 7:00-7:30 18:00-22:30	8:00-9:00 17:00-17:30	无

一般工商业需求情况 / 光伏供应情况

需求	低	中	高
高	18:00-23:30	17:00-17:30	无
波动	无	8:00-10:30	11:00-11:30
低	0:00-7:30	无	12:00-16:30

图4-27 发用电需求在时段中的分布情况

从全网的角度看，分别有三大时段、共15h的时长，新能源与用户侧有相对明确的交易需求。但从风电、光伏及不同类型用户个体角度来看，情况更加多元化。在中长期交易形成电力曲线的基本场景下，要满足发用两侧市场主体的需求，建议以小时为时段组织分时交易，其优势如下：

（1）不必协调宁夏现行的两套峰平谷时段（分别对应四大行业和非四大行业）。

（2）同时兼顾全网发用总趋势特性及市场主体个体特征，发用两侧资源可以更精细化的互动。

与此同时，为了更好地保证市场主体利益，应对新能源预测偏差大的客观事实，交易频次也应同步提升，做到周度、周内，并建立分时段的二级转让市场，以供新能源充分调整各时段的持仓规模，实现动态的风险管控。

4.3.2 第二阶段：中期规划

第二阶段的主要工作围绕如何推进新型储能参与市场来进行交易机制和

体系的优化。在新型电力系统背景下调节能力是稀缺资源，新型储能无疑具备优质的调节能力。第二阶段市场建设的核心是为储能提供成本回收的机制。根据宁夏电网"十四五"规划，近中期主要布局充放电时长为 2h 及 4h 的储能设备。储能近中期可参与的交易品种包括调峰、调频辅助服务，现货电能量市场，同时储能同火电机组一样，可获得容量补偿。第二阶段的市场框架如图 4-28 所示。

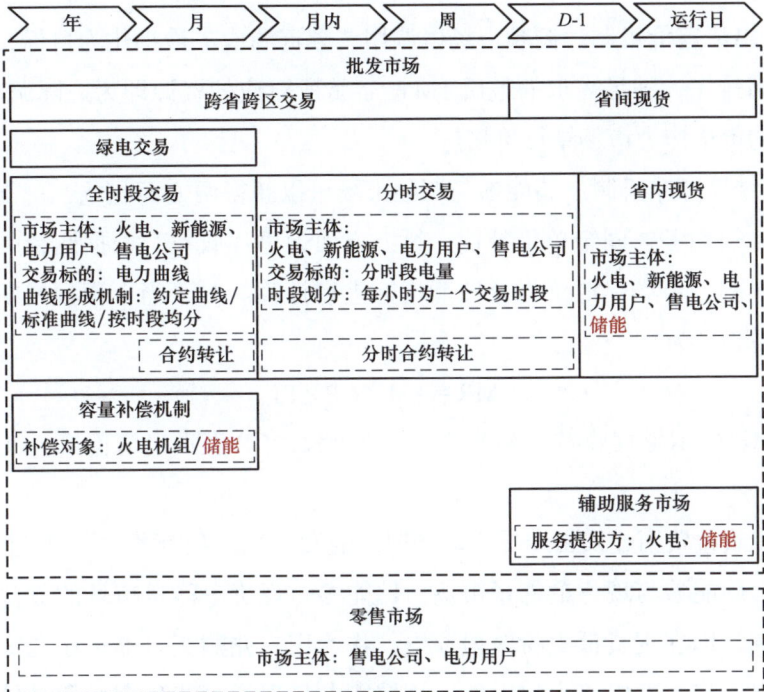

图 4-28　第二阶段市场框架

（1）储能参与调频辅助服务市场。当前宁夏正在推进调频辅助服务市场的建设，建设目的是通过市场激励引导调节性资源投资，使宁夏电网在分钟级周期内有足够的资源调度，从而维持省间联络线偏差在允许范围内。调频辅助服务市场要求资源在短周期内进行上下双向调节，而储能具有响应速率快的特点，可以在短时间（几秒到几分钟）内，在无输出、满放电和满充电状态间自由转换，响应速度优于常规火电机组；可以在放电和充电状态之间切换，最高可以为系统提供两倍于自身容量的调节能力，属于优质的调频资源。

1）参与方式。调频资源为电网实时运行服务，越临近运行日，电网对调频资源的需求预测越准确，考虑到经济性及激励效果，调频辅助服务市场宜在日前、实时开展，采用集中竞价的模式组织。通过调频市场决定由哪些资源提供服务、单个资源预留多少容量以及调频服务价格。

储能需在调频市场申报量价信息（调频容量、调频里程报价）以及必要的固定参数信息（频率控制死区、调差系数，以及额定充电/放电功率、持续响应时间最小值）。其中调频容量代表储能装置有多少容量可以参与调频，里程报价代表储能每提供 1MW 的调节服务期望获得的收益。

2）出清定价机制。调频市场以调用调频资源成本最小化为目标，按价格由低到高排序，满足需求的最后 1MW 容量所对应的资源即为边际调节资源，该资源的价格作为市场结算价格。

3）结算分摊机制。储能参与调频市场可以获得两方面收益，一方面为容量收益，初期考虑固定单价补偿；另一方面为里程收益，根据调频周期内调节的总里程、市场出清价格及性能指标进行计算。对于当个调频周期，储能里程收益公式为

$$MR = AM \times CP \times PI$$

式中：MR 表示里程收益；AM 表示调节里程；CP 表示出清价格；PI 表示性能指标。

储能收益费用建议由未提供调频服务的发电机组和市场化用户共同承担。

（2）储能参与现货电能量市场。储能参与现货电能量市场的收益模式为价差套利，即在现货低电价时段充电，作为用户侧购买电能；在现货高电价时段放电，作为发电侧卖出电能。从储能参与现货电能量市场的难易程度划分，可以分为自调度和报量报价两类模式。

1）自调度模式。自调度模式本质上是由储能自行决定充放电状态，即申报 96 点的充放电曲线，调度机构按照储能申报曲线直接调用，储能主体不参与现货电能量市场优化，没有定价权，接受现货市场价格。该模式优点为储能参与现货市场的技术难点小，易于实行。储能主体需要相对准确的判断次日现货市场价格趋势，从而保障自身充放电收益。

2）报量报价模式。报量报价模式本质上是将储能看作常规市场主体，同其他主体同台竞价。不同的是，储能需申报两条量价曲线，一条用于放电优化（类似发电侧），一条用于充电优化（类似用户侧）。该模式下，储能参与

市场定价，出清模型需考虑储能荷电状态、充放电特性、老化成本等约束条件，对建模技术、求解技术要求较高。

4.3.3 第三阶段：远期规划

第三阶段主要围绕建设零售市场、建设配电网点对点交易开展，一方面形成标准化的零售套餐，实现批零价格传导；另一方面针对局域电网、分布式资源等构建配电网层面的分散交易，实现微电网内部的平衡。同时完善分时交易，在单时段能量块交易的基础上，形成多时段组合能量块交易；从定向的容量补偿机制转变为基于拍卖竞价的容量市场；形成相对成熟省级绿电交易及其相关二级市场。

第三阶段市场框架如图4-29所示，该阶段宁夏电力市场体系将支撑主网、配网分层交易，兼容单一主体及聚合型主体，支持不同市场价值细分回收，符合新型电力系统源网荷储互动需求。

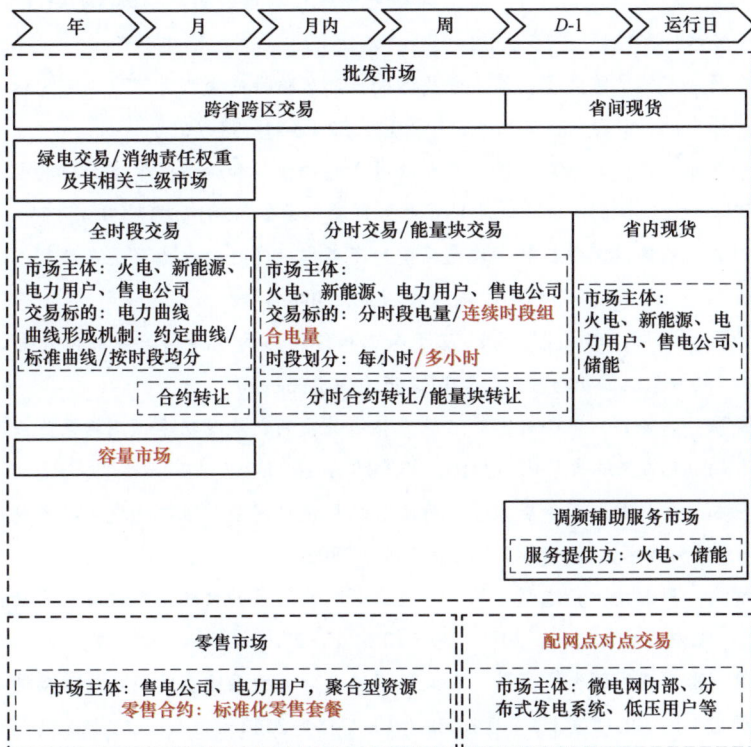

图 4-29　第三阶段市场框架

参 考 文 献

［1］ 何俊，邓长虹，徐秋实，等. 基于等可信容量的风光储电源优化配置方法［J］. 电网技术，2013，37（12）：3317-3324.

［2］ 徐林，阮新波，张步涵，等. 风光蓄互补发电系统容量的改进优化配置方法［J］. 中国电机工程学报，2012，32（25）：88-98.

［3］ 黄天恩，孙宏斌，郭庆来，等. 基于电网运行大数据的在线分布式安全特征选择［J］. 电力系统自动化，2015，40（4）：32-40.

［4］ 赵峰，孙宏斌，黄天恩，等. 电网关键断面及安全运行规则自动发现系统设计与工程实现［J］. 电力系统自动化，2015，39（1）：117-123.

［5］ 张文朝，何玉龙，顾雪平，等. 单输电通道中输电断面静稳极限的快速估算［J］. 电网技术，2012，36（5）：92-95.

［6］ 石东源，罗钢，陈金富，等. 考虑方向性和风险性的大型互联电网可用输电能力快速计算［J］. 中国电机工程学报，2012，32（34）：58-66.

［7］ 王彬，郭文鑫，向德军，等. 基于改进支持向量机和两步式聚类分析的电网关键断面辨识和精细规则生成方法［J］. 电力自动化设备，2017，37（9）：166-170.

［8］ 张玮灵，胡伟，闵勇，等. 稳定域概念下考虑保守性的电力系统在线暂态稳定评估方法［J］. 电网技术，2016，40（4）：992-998.

［9］ 向德军，王彬，郭文鑫，等. 基于人工神经网络的电力系统精细化安全运行规则［J］. 电力系统保护与控制，2017，45（18）：32-37.

［10］ 孙骁强，马晓伟，张小奇，等. 基于相依关系的新能源功率预测场景生成及调度应用［J］. 电力系统自动化，2019，43（15）：10-17.

［11］ 朱乔木，李弘毅，王子琪，等. 基于长短期记忆网络的风电场发电功率超短期预测［J］. 电网技术，2017，41（12）：3797-3802.

［12］ 王靖然，王玉林，杨志刚，等. 考虑嵌套断面约束的大规模集群风电有功控制策略［J］. 电力系统自动化，2015，39（13）：22-27.

［13］ 王魁，张步涵，闫大威，等. 含大规模风电的电力系统多时间尺度滚动协调调度方法研究［J］. 电网技术，2014，38（9）：2434-2440.

［14］ 李天权，刘琦，赵洁，等. 基于断面安全约束的高渗透率风—光—水电有功控制策略［J］. 新能源，2018，46（11）：33-39.

［15］ 黄志刚，冯长有，王伟臣，等．省地一体化在线安全分析技术探讨［J］．电力系统及其自动化学报，2016，28（S1）：152-156．

［16］ 严剑峰，冯长有，鲁广明，等．考虑运行方式安排的大电网在线趋势分析技术［J］．电力系统自动化，2015，39（01）：111-116．

［17］ 竺炜，刘校锋，田皓，等．主网在线安全态势及运行经验的获取方法［J］．中国电机工程学报，2018，38（22）：6605-6616．

［18］ 李柏青，刘道伟，秦晓辉，等．信息驱动的大电网全景安全防御概念及理论框架［J］．中国电机工程学报，2016，36（21）：5796-5805．

［19］ 戴远航，陈磊，张玮灵，等．基于多支持向量机综合的电力系统暂态稳定评估［J］．中国电机工程学报，2016，36（5）：1173-1180．

［20］ 丁明，解蛟龙，刘新宇．面向风电接纳能力评价的风资源／负荷典型场景集［J］．中国电机工程学报，2016，36（15）：4064-4071．

［21］ 雷宇，杨明，韩学山．基于场景分析的含风电系统机组组合的两阶段随机优化［J］．电力系统保护与控制，2012，40（23）：58-64．

［22］ 吴俊，薛禹胜，舒印彪，等．大规模可再生能源接入下的电力系统充裕性优化（三）多场景的备用优化［J］．电力系统自动化，2019，43（11）：1-7，76．

［23］ 周艳真，吴俊勇，于之虹，等．用于电力系统暂态稳定预测的支持向量机组合分类器及其可信度评价．电网技术，2017，41（4）：1188-1196．

［24］ 鲍颜红，冯长有，任先成，等．基于支持向量机的在线暂态稳定故障筛选［J］．电力系统自动化，2019，43（22）：52-58．

［25］ 胡伟，郑乐，闵勇，等．基于深度学习的电力系统故障后暂态稳定评估研究．电网技术，2017，41（10）：3140-3146．

［26］ 孙树明，刘海洋，吕颖，等．省地一体化电网在线运行风险评估与预防控制系统［J］．智能电网，2016，4（05）：512-518．

［27］ 李碧君，方勇杰，徐泰山．关于电网运行安全风险在线评估的评述［J］．电力系统自动化，2012，36（18）：171-177．

［28］ 舒印彪，张智刚，郭剑波，等．新能源消纳关键因素分析及解决措施研究［J］．中国电机工程学报，2017，37（01）：1-9．

［29］ 罗钢，石东源，蔡德福，等．计及相关性的含风电场电力系统概率可用输电能力快速计算［J］．中国电机工程学报，2014，34（07）：1024-1032．

［30］ 李中成，张步涵，段瑶，等．含大规模风电场的电力系统概率可用输电能力快速计算［J］．中国电机工程学报，2014，34（04）：505-513．

［31］ 王俊，蔡兴国，李峰，等．考虑新能源发电不确定性的可用输电能力风险效益评估［J］．电力系统自动化，2012，36（14）：108-112．

［32］ 方勇杰，崔晓丹．暂态稳定视角下的强关联输电断面及其识别方法［J］．电力系统

自动化, 2019, 43（5）: 75-82.

［33］ 张振宇, 王吉利, 柯贤波, 等. 失步振荡中心转移下的多断面暂态稳定协调紧急控制研究［J］. 智慧电力, 2019, 47（3）: 54-59, 103.

［34］ 孙玉娇, 吴俊玲, 王雅婷, 等. 新能源接入对西北—新疆联网通道输电能力及系统安全稳定性影响分析［J］. 电力建设, 2016, 37（6）: 17-23.

［35］ 段慧, 鲍颜红, 王超, 等. 基于并行模式的多预想故障静态电压稳定辅助决策［J］. 电力系统自动化, 2015, 35（7）: 95-100.

［36］ 秦川, 赵智成, 赵树法, 等. 地区电网模型与省级电网模型的拼接［J］. 河海大学学报, 2013, 41（7）: 354-359.

［37］ 周海锋, 徐伟, 鲍颜红, 等. 基于相似日选择的调度计划安全校核潮流数据生成［J］. 电力系统保护与控制, 2015, 43（1）: 1-7.

［38］ 严剑峰, 冯长有, 鲁广明, 等. 考虑运行方式安排的大电网在线趋势分析技术［J］. 电力系统自动化, 2015, 39（1）: 111-116.

［39］ 李建, 庞晓艳, 等. 省级电网在线安全稳定预警及决策支持系统研究与应用［J］. 电力系统自动化, 32（22）: 97-101.

［40］ 石辉, 张思远. 省级电网静态安全在线辅助决策优化建模. 电力系统自动化, 2015, 39（20）: 98-102.

［41］ 闪鑫, 戴则梅, 张哲, 等. 智能电网调度控制系统综合智能告警研究及应用［J］. 电力系统自动化, 2015, 39（1）: 65-72.

［42］ 闪鑫, 陆晓, 翟明玉, 等. 人工智能应用于电网调控的关键技术分析［J］. 电力系统自动化, 2019, 43（1）: 49-57.

［43］ 陈郑平, 米为民, 林静怀, 等. 电网调控操作智能助手方案探讨［J］. 电力系统自动化, 2019, 43（33）: 173-178.

［44］ 汤奕, 崔晗, 李峰, 等. 人工智能在电力系统暂态问题中的应用综述［J］. 中国电机工程学报, 2019, 39（1）: 2-13.

［45］ 吴双, 胡伟, 张林, 等. 基于AI技术的电网关键稳定特征智能选择方法［J］. 中国电机工程学报, 2019, 39（1）: 14-21.

［46］ 艾斯卡尔, 朱永利, 唐斌伟. 风力发电机组故障穿越问题综述［J］. 电力系统保护与控制, 2013, 41（19）: 147-153.

［47］ 年珩, 程鹏, 贺益康. 故障电网下双馈风电系统运行技术研究综述［J］. 中国电机工程学报, 2015, 35（16）: 4184-4197.

［48］ 杜雄, 李珊瑚, 刘义平, 等. 直驱风力发电故障穿越控制方法综述［J］. 电力自动化设备, 2013, 33（03）: 129-135.

［49］ 王晨清, 宋国兵, 迟永宁, 等. 风电系统故障特征分析［J］. 电力系统自动化, 2015, 39（21）: 52-58.

［50］肖繁，张哲，尹项根，等. 含双馈风电机组的电力系统故障计算方法研究［J］. 电工技术学报，2016，31（01）：14-23.

［51］杨硕，王伟胜，刘纯，等. 风电汇集系统暂态电压安全分析及其控制策略［J］. 高电压技术，2017，43（06）：2080-2087.

［52］刘斯伟，李庚银，周明. 双馈风电机组对并网电力系统暂态稳定性的影响模式分析［J］. 电网技术，2016，40（02）：471-476.

［53］厉璇，宋强，刘文华，等. 风电场柔性直流输电的故障穿越方法对风电机组的影响［J］. 电力系统自动化，2015，39（11）：31-36+125.

［54］贺静波，庄伟，许涛，等. 暂态过电压引起风电机继连锁脱网风险分析及对策［J］. 电网技术，2016，40（06）：1839-1844.

［55］马进，赵大伟，钱敏慧，等. 大规模新能源接入弱同步支撑直流送端电网的运行控制技术综述［J］. 电网技术，2017，41（10）：3112-3120.

［56］曹生顺，张文朝，王蒙，等. 大容量直流发生功率大扰动时送端风机暂态过电压快速分析方法研究［J］. 高电压技术，2017，43（10）：3300-3306.

［57］何世恩，董新洲. 大规模风电机组脱网原因分析及对策［J］. 电力系统保护与控制，2012，40（01）：131-137.

［58］邱威，贺静波，于钊，等. 特高压直流馈入湖南电网的暂态电压稳定分析［J］. 电力自动化设备，2019，39（10）：168-173.

［59］辛建波，王玉麟，舒展，等. 特高压交直流接入对江西电网暂态稳定的影响分析［J］. 电力系统保护与控制，2019，47（08）：71-79.

［60］尹纯亚，李凤婷，王丹东，等. 风电高渗透率交直流外送系统直流闭锁稳控方案研究［J］. 电力系统保护与控制，2019，47（03）：95-102.

［61］汪娟娟，黄梦华，傅闯. 交流故障下高压直流运行特性及恢复策略研究［J］. 中国电机工程学报，2019，39（02）：514-523+648.

［62］钱永亮，唐明淑. 大容量静止无功发生器在高压直流输电中的应用［J］. 云南电力技术，2018，46（04）：91-94.

［63］江琴，刘天琪，曾雪洋，等. 大规模风电与直流综合作用对送端系统暂态稳定影响机理［J］. 电网技术，2018，42（07）：2038-2046.

［64］杨欢欢，蔡泽祥，朱林，等. 直流系统无功动态特性及其对受端电网暂态电压稳定的影响［J］. 电力自动化设备，2017，37（10）：86-92.

［65］杨堤，程浩忠，马则良，等. 考虑静态和暂态电压稳定的交直流混联系统综合无功规划方法研究［J］. 中国电机工程学报，2017，37（11）：3078-3086.

［66］贺静波，万磊，霍超，等. 高压直流输电非典型工况下过电压异常风险分析［J］. 电网技术，2014，38（12）：3459-3463.

［67］贺静波，庄伟，许涛，等. 暂态过电压引起风电机组连锁脱网风险分析及对策

[J]. 电网技术, 2016, 40 (6): 1839-1844.

[68] 曹生顺, 张文朝, 王蒙, 等. 大容量直流发生功率大扰动时送端风机暂态过电压快速分析方法研究 [J]. 高电压技术, 2017, 43 (10): 3300-3306.

[69] 王峰, 刘天琪, 丁媛媛, 等. 直流闭锁引起的暂态过电压计算方法及其影响因素分析 [J]. 电网技术, 2016, 40 (10): 3059-3065.

[70] 王鹏飞, 张英敏, 李兴源, 等. 基于无功有效短路比的交直流交互影响分析 [J]. 电力系统保护与控制, 2012, 40 (6): 74-78, 85.

[71] 郭春义, 倪晓军, 赵成勇. 混合多馈入直流输电系统相互作用关系的定量评估方法 [J]. 中国电机工程学报, 2016, 36 (7): 1772-1780.

[72] 吕清洁, 徐政, 李晖, 等. 动态无功补偿对风电场暂态电压的影响及控制策略 [J]. 电力建设, 2015, 36 (8): 122-129.